U0281729

服饰侦探：

如何研究一件衣服

The Dress Detective:

A Practical Guide to Object-Based Research in Fashion

[加拿大] 英格丽·米达 Ingrid Mida
[英] 亚历山德拉·金 Alexandra Kim　著

刘芳　译

重庆大学出版社

目 录

前言

Foreword

斯特拉·布鲁姆（Stella Blum）曾在纽约大都会艺术博物馆下属的服装学院担任负责人，还是肯特州立大学博物馆的第一任馆长，她深信那些从事服饰文化和服饰历史职业的人所受的教育至关重要。她的对象中心论研究体系以重复推敲的方式为基础，即“要学会观察”。在本书中，英格丽·米达和亚历山德拉·金为这项基本研究技能提供了一条途径。作者在书中描述的“细致观察”“审慎思考”和“解释说明”也非常精准地符合斯特拉·布鲁姆的想法。真正的观看不是匆匆一瞥就能完成的事情，事实上，本书作者提倡的是要“慢慢地看”。现如今，快速地拍摄一件物品的数字影像是轻而易举的事，并且在这张图像中可以随时了解到你想要知道的任何信息。但多数令人懊恼的情况却是在你脱离这件物品仅能观看其图像时，图像几乎不能捕捉到充分理解物品细节的复杂性所必需的所有信息，或某种特定服装所具有的意义。

对研究者来说，距一件服装的创作时间越久，离它的创作地点越远，理解这件作品的难度就越大。在历史上的任何一个特定时刻、特定的地方，制衣传统都属于广泛且包容的文化脉络的一部分。很多情况下，服装的穿着者和制作者都是未知的。在西方时装定做示例中，客户和制衣者或裁缝共同决定了服装的款式。客户倾向于保守还是前卫？制衣者是否能理解当时的流行趋势？当时的政治、社会和经济因素又是怎样的？以西方时尚传统之外的服装为例，对时间和地点的探索需要更深入地展开。在多数没有绝对答案的情况下，研究者发现有必要提出假设。

读者会发现英格丽·米达和亚历山德拉·金在书中假设性的阐述研究方式非常有帮助。作者在文中列出了研究人员在查看一件服饰文物时应该问的问题，并将这些问题汇成一张清单列在了本书附录中。这些问题为调查奠定了坚实的基础。观察到的事实仅仅是理解一件服装过程中的一部分。观察者会很自然地根据个人经验对一件衣服做出假定性的设想。在这些假设的问题中，查明哪些合理和哪些不合理，对于理解研究对象的真实性是至关重要的。作者将这类研究方式称为“审慎思考”（Reflection），只有经过仔细的观察和审慎思考，一件服饰文物才能被充分地理解，从而通过展览或出版物来阐释它。

同大批量生产的服装截然不同的是，每一件服饰文物都与定做、购买和穿着它的人一样是独一无二的。可能有人会持有不同意见，认为

对页

奶油色真丝女式紧身夹克
约 1914 年。由凯瑟琳·克利弗赠出
Ryerson（瑞尔森图像中心，加拿大多伦多的摄影和艺术博物馆，是一家由多伦多都会大学负责运营的大学博物馆）FRC2014.07.473A（藏品检索号码）
摄影：英格丽·米达

从可观察到的穿着事实认定量产的服装也可以是独特的。任何针对服饰的研究都会存在歧义，使针对服饰文物的理解过程充满了需要探讨的问题。许多研究对象与最广为人知的理论并不相符。如本书作者的建议，时尚理论只能帮助研究者进行分析，但还要通过细致观察和审慎思考后再进行评估获得证据。鲜少有绝对的结论，但可以设定合理的假设。重要的是服饰文物特有的文化复杂性抵消了泛泛的一概而论。

《服饰侦探》展示了那些基于对象的服饰和服饰历史研究学者们所面临的挑战。在阅读的过程中我们会发现，这是一本深入了解服饰文物的指南。我们这些研究者在职业生涯中一直在思考本书中详细列出的问题，并深知“学会观察”就会有收获。我们对解读文化脉络所带来的挫败感、乐趣，以及在完成解读工作后所收获的那份成就感深有体会。服饰是生活的一部分，但它所具有的文化意义常常被忽视。任何一件服装都透露出很多关于它被创作的时间和地点信息，以及它的形状和实质所被赋予的独特力量。

吉恩 · L. 德鲁斯多夫（Jean L. Druesedow）
肯特州立大学博物馆（Kent State University Museum）
2014 年 11 月 18 日

致 谢

Acknowledgments

这本书的出版得益于一批骨干人员的努力。我们诚挚地感谢Bloomsbury出版社中所有参与制作出版本书的工作人员，特别是编辑艾米莉·阿迪宗（Emily Ardizzone），她是最初建议我们承接这个项目的人。

很多人为本书的案例研究提供了服装和摄影图片，他们是凯瑟琳·克利弗（Katherine Cleaver）、夏洛特·芬顿（Charlotte Fenton）、莱克西·福格尔（Lexy Fogel）、卢·安·拉弗伦茨（Lu Ann Lafrenz）、贾兹敏·韦尔奇（Jazmin Welch），特别是多伦多都会大学时装学院的院长罗伯特·奥特（Robert Ott）。我们还要感谢那些协助我们研究的人，包括尼尔·布罗丘（Neil Brochu）、希拉里·戴维森（Hilary Davidson）、索菲·格罗索德（Sophie Grossiord）、劳尔·哈里维尔（Laure Harivel）、佩巡斯·诺塔（Patience Nauta）和凯瑟琳·奥尔曼（Catherine Orman ）。

我们要真诚地感谢我们的朋友和同事们，这本书的完成得益于他们的支持和帮助，包括吉恩·德鲁斯多夫（Jean Druesedow）、埃德温那·艾尔曼（Edwina Ehrman）、埃米·德·拉·海耶（Amy de la Haye）、艾莉森·马修斯·戴维（Alison Matthews David）和卢·泰勒（Lou Taylor）。

我们非常感谢伦敦文物协会（the Society of Antiquaries of London）选择我们作为2014年度珍妮特·阿诺德（Janet Arnold）基金的被资助人，这为购买本书的图片版权提供了资金。我们还要感谢阿瑟·柯南·道尔爵士文学遗产部（the Sir Arthur Conan Doyle Literary Estat），允许我们在书中收录《蓝宝石历险记》（*The Adventure of the Blue Carbuncle*）中的部分内容。

最后，我们要向我们的家人致以最深切的感谢，是他们的鼓舞让我们挺过最困难的时刻，包括丹·米达（Dan Mida）和已故的玛格琳达·马萨克（Magdalene Masak），以及亨利·金（Henry Kim）、希娜（Sheena）、帕特里克·麦卡洛克（Patrick MacCulloch）、劳拉·麦卡洛克（Laura MacCulloc）。

英格丽·米达和亚历山德拉·金

引 言

Introduction

“那么，你从他的身份可以了解到什么线索吗？”

“正如我们所推断出的那么多。”

“从他的帽子？”

“没错。”

“你在开玩笑吗，你能从这破旧的毛毡上推测出什么？”

“这是我的放大镜。你了解我的方法。对于那个佩戴这顶帽子的人的个性，你有什么看法？”

我将那顶破旧的帽子拿在手里，无奈地将它翻过来看了看。这是一顶很普通的黑色帽子，是极为常见的圆形款式，很硬且磨损得破旧不堪。红色真丝制成的帽子里衬也已经严重褪色。帽子上没有制造商的名字；但是，如福尔摩斯所说，有名字缩写字母“H.B.”被潦草地涂写在一侧。为了防止帽子被风刮跑，在帽檐上穿有固定的孔洞，但上面的松紧带已经没有了。其余的情况就是有裂痕，上面布满灰尘，还有好几处污点，看起来似乎是有人为了掩盖帽子上几块褪色的补丁试图用墨水将其涂黑的。

—— 阿瑟 · 柯南 · 道尔爵士（SIR ARTHUR CONAN DOYLE，1892：75）

图 0.1

西德尼 · 佩吉特（Sidney Paget）为《蓝宝石历险记》绘制的
福尔摩斯与华生的插图
《斯特兰德杂志》（*Strand Magazine*），1892 年 1 月，p73

在阿瑟 · 柯南 · 道尔爵士创作的《蓝宝石历险记》中这段描写福尔摩斯和华生之间的场景里，华生在努力试图从一顶普通的黑色帽子上寻找线索（图 0.1）。对于福尔摩斯来说，几处明显的迹象——褪色的红色真丝里衬、名字缩写字母、灰尘、污点——讲述了一个男人的故事，他是一个知识分子，曾经很富足，但陷入了困境，他最近剪了头发，他的妻子已经不再爱他。

有点像福尔摩斯在服装褶皱中解锁隐藏的个人信息和文化故事一样。一名服饰侦探需要去发现并诠释出隐藏在服装中的线索，包括剪裁、构造和修饰细节，有关服装是如何随着时间的推移被穿着、使用或改动的证据，还有服装及应用的材料与身体之间的关联，以及它被生产制成的时期（图 0.2）。针对服饰文物的细致分析会增强和充实其研究，为从历史学、社会学、心理学和经济学的角度去认知时尚和研究服装提供了原始证据。

物质文化分析是一种研究方法论，它考虑的是研究对象与“我们看待过去和创造叙述我们过往故事的方式”之间的关系（Pearce，1992: 192）。

衣服和配饰，包括帽子、鞋子、珠宝首饰、发型、文身和其他形式的身体装饰（以下简称“服饰”），都是人类创作的物品，同时在这些物品身上也反映出它们被设计、创造和穿戴时所处的文化背景与社会环境。与历史的叙事篇章不同，像衣服这样的普通物品可以被视作一种“刻意的，可能更贴近真实的”文化（Prown，1982: 4）。

图 0.2

奶油色真丝紧身上衣，约 19 世纪 90 年代
由阿伦 · 萨顿（Alan Suddon）赠出，Ryerson FRC1999.06.006
摄影：英格丽 · 米达

物质文化研究作为一门学科有着悠久的历史，特别是在人类学和艺术史领域。在时尚领域的研究中，一些学者没有意识到检验服装实物的价值，会将此类工作视为编目类工作而不予理会。1998 年，策展人瓦莱丽・斯蒂尔（Valerie Steel）在她的书中写道："因为知识分子以文字为生，许多学者更倾向于忽视物品对象本身在知识创造中所发挥的作用。甚至许多时尚史学家也很少或根本不会花时间去检验服装实物，他们更偏好完全依赖于书面信息和视觉资料。"（1998: 327）2013 年，策展人亚历山德拉・帕尔默（Alexandra Palmer）在她的书中表达了相似的观点，她这样写道："传统的以博物馆为主的时尚研究方法，从针对物品的描述开始，这对于新学者来说是一种复杂且低效的方法。"（2013：268）

本书旨在为那些对时尚研究学感到陌生或不太了解的学者们提供帮助，书中包括有查验清单和案例研究，并阐明了一套与之相关的方法技能，到目前为止，这套研究方法技能大都是以非正式的方式传递，通常是策展人传授给助手的。本书的语言通俗易懂，还适合人们用来学习研究祖传之物或服饰文物，能够帮助他们探寻这些物品背后的传记故事。

本书以介绍在时尚领域中应用基于物品 [或对象（object-based research）] 研究方法的简史开始，重点强调了 20 世纪一些提倡这类研究方法的关键性人物的理论观点，例如多丽丝・兰利・摩尔（Doris Langley Moore）、朱尔斯・戴维・普朗（Jules David Prown）和亚历山德拉・帕尔默。第二章是关于"如何解读一件服饰文物"，介绍了一种缓慢查看的实践方法，以获得服饰文物查验的最佳结果。后面的章节分别介绍和讲解了细致观察、审慎思考和解释说明的步骤。本书后半部分选定的案例分析解释了这种研究方法如何被应用于研究各种不同类型的西方服饰文物，从 19 世纪初到今天，这种方法常见于博物馆馆藏或私人收藏的研究。本书中的案例分析清晰表达了这一研究过程的方法体系，讲解了查验清单的使用方法，并展示了如何利用从服装本身获得的证据去证实服装或时尚理论的推断。书中附录部分是“细致查验清单”和“审慎思考清单”。

参考文献

Conan Doyle, A. (1892), “The Adventure of the Blue Carbuncle,” *The Strand Magazine*,January: 73–85.

Palmer, A. (2013), “Looking at Fashion:The Material Object as Subject,” in S. Black, A. de la Haye, J. Entwistle, R. Root, H. Thomas and A. Rocamora(eds.), *The Handbook of Fashion Studies*,London: Bloomsbury: 268–300.

Pearce, S. (1992), *Museums, Objects and Collections: A Cultural Study*, London:Leicester University Press.

Prown, J. (1982), “Mind in Matter: An Introduction to Material Culture Theory and Method,” *Winterthur Portfolio*, 17 (1): 1–19.

Steele, V. (1998), “A Museum of Fashion is more than a Clothes-Bag,” *Fashion Theory*, 2(4): 327–335.

Taylor, L. (2002), *The Study of Dress History*,Manchester: Manchester University Press.

1

A Brief History of Object-based Research with Dress Artifacts

第一章　服饰文物研究简史

图 1.1（对页）

珍妮裙细节，1921 年
（Jenny Dress，指款式华丽的半紧身式连衣裙，从腰部到臀部紧贴身体，下摆稍微扩展，刚好适合行走，长度至膝盖以上，通常会设计有后中拉链和后开衩）
由珍 · 多塞特（Jane Dowsett）赠出
Ryerson FRC2001.02.002
摄影：英格丽 · 米达

这些被留存下来的服装展示了童装在面料的选择和制作结构上的不同品质。虽然孩子们的身份不能因这些衣服的存在而判定，但每一件幸存的服装，不仅带有它曾被孩童穿着的印记，还体现出那个孩童的生活方式。

——安妮·巴克（ANNE BUCK，1996：15）

服饰文物可能被保存在衣橱的最深处，或是以高昂的费用被保存在博物馆和大学的档案库中作为研究收藏的一部分（图1.1），透过它们可以猜测和解读一段历史。在针对梅塞尔家族现存的衣橱研究分析中，展馆负责人埃米·德·拉·海耶写道：那些超越于潮流生活之上的服装往往具有“象征性品质”并保留有主人留下的“个性化记忆”（2005：14）。

尽管我们都穿着衣服，但很难能从这些平常的衣服中挖掘出多方面的故事内容，当服装被视作文物时，则是具有“多重历史的合成物”（Palmer and Clark，2005: 9）。服装被设计用来穿着或装扮身体，并融入了功能元素，以及与特定时间和地方文化标准相呼应的象征意义和美学特质。服装的设计与生产中所应用的技术选择体现出成本和材料的可用性（图1.2），如选择用拉链替代纽扣，或使用合成面料替代天然纤维织物。服装或配饰还能显示出多种设计，会突出或弱化身体的某些部位，可以强化或中和性别特征，充满政治或社会信息。在使用和穿着的过程中，服饰会受制于主人的要求和奇思妙想，会带有污渍和磨损的痕迹，还会因光照、潮湿、虫蛀和污垢的影响而分解。

图 1.2

男士燕尾服上的纽扣，1932 年
由莫林 · 哈林顿（Maureen Harrington）赠出
FRC2002.02.001A
摄影：英格丽 · 米达

通过收藏服饰文物来解析西方服饰历史是博物馆学一个相对较新的研究方向。尽管许多博物馆在初期阶段会将服饰同纺织品一起收藏保存，又或是从原住民或土著人那里收集人工制品用作人类学研究，但直到20世纪，才形成了专门收藏西方服饰的独立部门。例如，维多利亚和阿尔伯特博物馆开放于1852年，在1913年接收英国画家塔尔伯特·休斯（Talbot Hughes，1869—1942）的服装收藏系列后，确立了馆内的第一套服饰藏品系列，而非配饰或装饰纺织品类。同样，纽约大都会艺术博物馆开放于1866年，但直到1946年，才设立其所属的服装学院。

“服饰”(Dress) 和“时装”(Fashion) 这两个词有时是可以互换使用的，尽管对于其精准的定义仍具有争议，词意的表达上存在着细微的差异。本书中的“服饰”一词是指以物质形式存在的所有服装和配饰，包括帽子、鞋、珠宝、发型、文身和其他物质形式的身体装饰。如学术期刊《时尚理论：服饰，身体与文化》（*Fashion Theory*：*The Journal of Dress, Body & Culture*）中所定义的“时装”一词则被描述为是某种意义上的，用来装饰身体的服装和配饰，能够反映出“具体身份特征的文化构建”（cultural construction，文化构建是指在社会文化活动发展中的管理活动，即秩序问题和不同文化种类内容权限分配活动）。

基于物品（对象）的研究起源于人类学和艺术史领域，这些学科内的许多著名学者，包括伊戈尔·科皮托夫（Igor Kopytoff，人类学家）和丹尼尔·米勒（Daniel Miller，人类学家），在物质文化研究学领域都做出了重大的贡献。[1] 在时尚研究中，应用服饰文物进行基于物品（对象）的研究方法，其历史相对较短；在这个章节中重点介绍了一些关键性人物，特别是他们的研究工作影响了本书中旨在提倡的学习研究服饰文物的方法。

私人收藏家兼自学成才的服装史学家多丽丝·兰利·摩尔（1902—1989），是最早一批意识到服饰文物研究价值的人之一，她认为在服装中能够发现的证据被出版物中的视错觉所掩盖（1949：16f)。兰利·摩

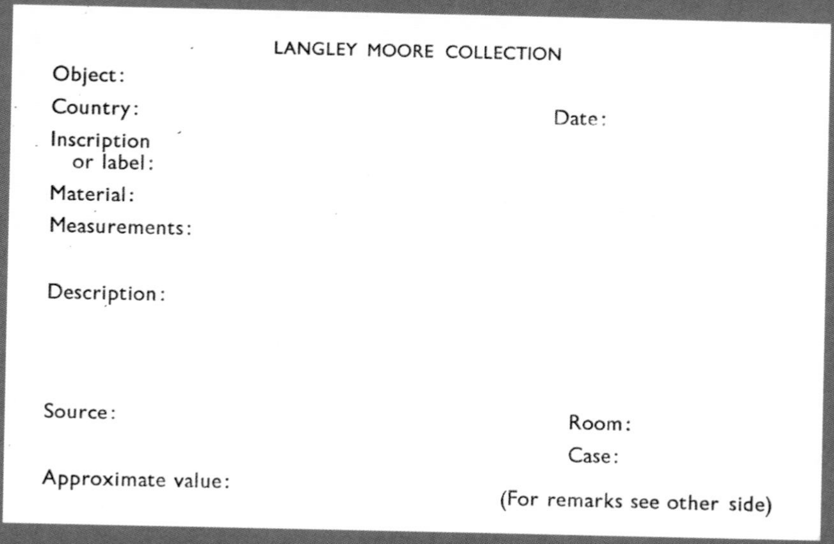

LANGLEY MOORE COLLECTION

Object:

Country:

Date:

Inscription
or label:

Material:

Measurements:

Description:

Source:

Room:

Case:

Approximate value:

(For remarks see other side)

图 1.3

多丽丝 · 兰利 · 摩尔藏品记录卡
未注明日期。私人收藏

尔实际测量了 2000 多件连身裙、束身衣和其他收腰款式的服装，以驳斥 18 世纪以来，女性束身衣的腰围仅限于 18 英寸，以及束身衣能有助于女性增长身高的荒诞说法（Langley Moore，1964：21）。她的那些令人印象深刻的收藏（图 1.3）现已成为英国巴斯时装博物馆（Fashion Museum in Bath）的馆藏基础，学生和客座学者们可以前去进行研究。[2]

另一位在早期提倡应用基于物品（对象）研究方法的人是服装史学家兼展馆负责人的安妮·巴克，她于 1947 年至 1972 年负责管理位于英国曼彻斯特普拉特府邸（Platt Hall）的英国服饰展览馆（Gallery of English Costume）。巴克严格捍卫针对现存服装的研究方法，以更好地理解服装在过去是如何被生产、穿着及鉴赏的。[3] 她认为服饰作为文化和社会历史的自然组成部分，使用文献、口述历史和档案材料可以作为现存服装的补充证据。她主张要应对服饰品进行细致鉴定，以确定其需要被修整和回收的价值，从它们身上不仅可以找出穿着者的形态依据，还可以发现过往时尚、品位和地位的变化趋势（Jarvis，2009: 136）。安妮·巴克还对普通人的服饰抱有浓厚的兴趣，强烈表达出研究收藏工人阶级服装具有与精英服装同等重要的观点。

珍妮特·阿诺德（1932—1998，服装史学家），最为人所熟知的应该是她的系列图书《时装版型》（*Patterns of Fashion*），书中是她精心绘制的大量历史服饰和版型效果图。这套系列图书为博物馆的负责人、文物修护人员和服装史学家们提供了针对现存服饰进行细节对比的参照范例，也成为时装公司及设计师们的灵感参考资料。阿诺德在其作品中提倡要亲自体验审视服装的价值，并不断论证应用观察研究的方法得出关于服装结构和穿着使用过的关键信息。她编写的《服装手册》（*Handbook of Costume*）于 1973 年出版，为英国众多博物馆内丰富的服饰收藏提供了参考指南，还提供了从现存服装中提取版型的建议。

尽管艺术史学家朱尔斯·戴维·普朗不是第一位提议文物研究方法的人，但他倡导的基于物品（对象）研究的理论依然被时装学者们所引用。[4] 在 1980 年，普朗写了一篇题目为《风格作为证据》（Style as Evidence）的文章，并在文章中建议文体分析（stylistic analysis）常被用作分析艺术史的程序方法，可能对研究其他领域的学者同样受用。普朗认为风格应被定义为是“完成、生产或表达事物的方式”，一种比文字叙述更真实的，将非文本资料与过去连接起来的方式。通过对家具和银制茶具的案例研究，普朗得出的结论是，对这些物品风格特征的分析，会“直观感受到幸存物品背后具体的历史事件，不一定是重要事件，但肯定是真实的”（1980 : 208），对于那些能够克服不愿使用非文本资料的人来说，这种类型的研究方式可以产生“一种不同的文化理解”。

普朗于 1982 年发表过一篇常被人们引用的文章，题目为《思考事物的方式：物质文化理论与方法导论》（Mind in Matter: An Introduction to Material Culture Theory and Method），文章明确表达了他所建议的基于物品（对象）研究的实施方法。普朗反复强调物品呈现出的信仰弱于自身的存在，因此能够更真实地表达不同时代的文化信仰，并且可以作为主要证据来证明制造、购买或使用这些物品的人的文化观点，进而引申出它们源于社会的文化观点。

普朗有意地概括阐述了这种方法适用于研究所有类型的物品，从那些以实用功能为目的所创造的物品如机器或乐器，再到那些纯粹为表达美学功能的艺术。普朗对物品效用的分类还包括兼具功能性和美学目的的服饰。普朗表示那些经受住时间考验的物品会让研究人员有机会获得对其过往的最直接的感官体验，还能得到比书面形式更加诚实的、更典型的历史性复述。普朗的物品分析方法论借鉴了艺术史、考古学和科学领域的理论，将其分成三个独立的学术研究阶段，分别定义为描述、推论和推测。这三部分概述的研究阶段又被进一步细化分解出具体的步骤，方便指导研究人员对各类别物品应用物品分析方法论进行具体分析。在文章中，普朗特别指出，服装作为一种装饰形式及个人身份和价值观的体现，是未来研究的一个成熟领域（1982 : 13）。

瓦莱丽·斯蒂尔是纽约时装技术学院博物馆馆长兼首席策展人，她就读于耶鲁大学期间是普朗的学生，并在那段时间里就应用普朗的物品分析方法论进行了基于物品（对象）的研究，分析了几件19世纪的服装，包括一件紧身衣和一件裙装（1998：330）。在这个过程中，她成为最早采用普朗方法论去研究服饰文物的时尚学者之一。斯蒂尔在学术期刊《时尚理论：服饰，身体与文化》上发表的早期文章中支持了这类研究方法，并写道："这套方法论可以帮助人们在对时尚历史和美学发展的研究中得出独到的见解。"（1998：327）

亚历山德拉·帕尔默是多伦多皇家安大略博物馆（Royal Ontario Museum）Nora E. Vaughan 纺织品和服装展馆负责人，长期以来，她一直主张采用跨学科研究法进行时尚研究，包括物质文化分析。值得注意的是，她的著作《时装与商业：20世纪50年代的跨大西洋时装贸易》（*Couture and Commerce: The Transatlantic Fashion Trade*）受到了朱尔斯·戴维·普朗的影响，帕尔默在书中追溯了巴黎高级定制时装的生产和在北美分销的情况，并评估了现实中的女性是如何选择合适的、可穿戴的高级定制单品，并改动其设计以适应她们的生活方式。在研究真实的高级定制时装并追溯其起源、用途和再生的过程中，帕尔默还质疑了高级定制时装被精英女性仅穿一季就将其丢弃的荒诞说法。帕尔默指出鲜少有高等院校学者能够成功地将物质文化和别的研究方法论相结合，"仅限于理论修辞"或将其作为"装饰性的解析要素"。帕尔默解释她的方法是物品分析、口述历史、档案研究和其他文献研究结合而成的。在《时尚研究手册》(*The Handbook of Fashion Studies*)一书中，帕尔默重申了基于物品（对象）的研究不是研究人员与生俱来的才能；即便可以"假设我们已经具备了评估时尚所必要的关键技能，事实上这是一种研究技能，同其他类别的学术研究一样需要学习掌握"（2013：268）。

在《服饰历史的研究》(*The Study of Dress History*)一书中，卢·泰

勒认为以物品为焦点研究服饰和纺织品的史学家同研究经济和社会学的史学家之间存在历史与本质上的巨大差异。该领域内的学者们注意到时尚研究的边缘化是一个持续性的问题，泰勒得出结论，“服装史上最具活力的研究的确结合了基于对文物和理论的研究方法。如何在普朗的物品研究转化为理论‘引出’的过程方法论和从理论引申到物品研究之间划定一条‘有效’的线，将成为未来辩论的核心”。

结论

尽管在服饰研究领域有着丰富的基于物品（对象）研究方法的资料，但没有一个独立的框架，能够为服饰文物研究提供系统且清晰的理论方法。朱尔斯·戴维·普朗的方法论虽说是为了研究普遍的工艺物品而编写的，似乎时尚学者们仍在继续引用，包括朱尔斯·戴维·普朗和埃米·德·拉·海耶联合编写在 2014 年出版的《时尚展示：1971 年前后》（*Exhibiting Fashion: Before and After 1971*）一书，以及一件戴安娜·弗里兰（Diana Vreeland）曾穿过的香奈儿套装的研究案例。

服饰文物是独一无二的，能够体现出面料的质感、时尚的美感和独特的时装结构，还能追溯其被使用过和穿着者的痕迹，以及被生产和分销过的相关信息。有些多层次且结构复杂的服装很难被说明清楚，特别是一件可能融合了当时最新的时尚风格，或者是一件为适合多位穿着者而被多次修改的服装。瓦莱丽·斯蒂尔曾写道，她的许多学生在应用普朗的方法论进行推论和推测的步骤过程中都遇到了困难，并常以“一连串未解答的问题”结束了他们的文章（1998：331）。从作者指导学生在博物馆进行收藏研究的教学实践经历来看，许多学生对如何处理服饰物品并不明确，尤其是不了解要如何收集相关证据信息的方法。后面的各章节旨在发展出一套独特的基于服饰文物研究的实践基础理论方法，以最大限度地减少研究者的焦虑和困惑，并明确表述了读懂服饰文物所需的每个步骤及系统地讲解了找出其相关的所有证据的方法。在这个过程中，我们采纳了帕特里夏·坎宁安（Patricia Cunningham）对时尚学者们的呼吁：“我们应该尽一切努力回答我们所研究的问题，最重要的是，当我们认为我们思考的问题已经超出了文物范畴时，我们必须要转变，回顾过往然后重新考虑这件具有历史和文化价值的物品，我们会获得更多超乎想象的意外惊喜。”（1988：78-79）

注释

1. 本书不能涵盖所有在物质文化研究领域做出重要贡献的学者们。如果对相关人士的传记分析有强烈的兴趣，可以参考阅读人类学专家伊戈尔·科皮托夫的论文《事物的文化传记：商品化进程》（The Cultural Biography of Things: Commoditization as Process，1986：64-91）。对人类学与时尚的关系的综合分析，请参阅莎拉·菲（Sarah Fee）的论文《人类学与物质特性》（Anthropology and Materiality，2013：301-324）。关于物质文化和时尚研究的关系，请参阅丹尼尔·米勒的论文《物质文化》（Material Culture），发表于 Berg Fashion Library 的网站。

2. 多丽丝·兰利·摩尔于 1963 年将她的服饰收藏搬迁至巴斯市，并以城市的名字创建了“服装博物馆”。2007 年，该博物馆更名为“时装博物馆”。

3. 伦敦医师 C. 威利特（C. Willett，1878—1961）和菲利丝·坎宁顿（Phillis Cunnington，1887—1974）于 1947 年将其拥有的私人服饰文物收藏出售给曼彻斯特市政厅，并在普拉特府邸创建了博物馆。这对夫妻组合的团队将收集服饰作为一种兴趣爱好，并自学成才成为服装史学家，还编写了许多本关于服饰的书籍。

4. E. 麦克朗·弗莱明（E. McClung Fleming）于 1973 年发表过一篇名为

《物品研究：一种模式的构建》(Artifact Study: A Proposed Model）的文章。弗莱明在文中指出，除了艺术史和人类学之外，针对物品的研究几乎没有形成一个明确的理论框架，或是一种可以清晰地“执行、表达和记录物品的特定方式”（1973：154）。弗莱明提出了一个研究物品的模式，并将其分为四个步骤：识别、评估、文化分析和解释说明。弗莱明概括地描述了这一过程，但没有提及关于研究服饰文物的内容，在文章的结尾陈述道：“物质文化的研究值得在其他人文学科领域占有一席之地。”（1973：154-175）

参考文献

Arnold. J. (1972), *Patterns of Fashion:Englishwomen's Dresses and their Construction 1660-1860,* London: Macmillan.

Arnold, J. (1973), *Handbook of Costume,*London: Macmillan.

Arnold. J. (1977), *Patterns of Fashion 2: Englishwomen's Dresses and their Construction 1860-1940,* London: Macmillan.

Arnold. J. (1985), *Patterns of Fashion 3: The cut and construction of clothes for men and women 1560-1620,* London: Macmillan.

Arnold, J. (2000), “Janet Arnold: List of Publications,” *Costume,* 34: 3-6.

Baumgarten, L. (2002), *What Clothes Reveal: The Language of Clothing in Colonial and Federal America,* New Haven: Yale University Press.

Buck, A. (1979), *Dress in Eighteenth Century England,* London: B. T. Batsford.

Buck, A. (1996), *Clothes and The Child: A Handbook of Children's Dress in England 1500-1900,* New York: Holmes & Meier.

Clark, J. and De la Haye, A., with Horsley, J.(2014), *Exhibiting Fashion: Before and After 1971,* New Haven: Yale University Press.

Cunningham, P. (1988), “Beyond Artifact and Object Chronology,” *Dress,* 14: 76-79.

De la Haye, A., Taylor, L. and Thompson, E.(eds.) (2005), *A Family of Fashion: The Messels: Six Generations of Dress,* London:Philip Wilson.

Fee, S. (2013) “Anthropology and Materiality,”in S. Black, A. de la Haye, J. Entwistle, R.Root, H. Thomas and A. Rocomora (eds.),*The Handbook of Fashion Studies,* London:Bloomsbury: 301-324.

Fleming, E. McClung. (1973), “Artifact Study:A Proposed Model,” *Winterthur Portfolio,* 9:153-173.

Granata, F. (2012), "Fashion Studies Inbetween: A Methodological Case Study and an Inquiry into the State of Fashion Studies,"*Fashion Theory,* 16 (1): 67–82.

Jarvis, A. (2009), "Reflections on the Development of the Study of Dress History and of Costume Curatorship: A Case Study of Anne Buck OBE," *Costume,* 43: 127–137.

Kawamura, Y. (2011), *Doing Research in Fashion and Dress: An Introduction to Qualitative Methods,* New York: Berg.

Kopytoff, I. (1986), "The cultural biography of things: commoditization as process," in A.Appadurai (ed.), *The Social Life of Things,*Cambridge: Cambridge University Press: 64–91.

Küchler, S. and Miller, D. (eds.) (2005),*Clothing as Material Culture,* New York: Berg.

Langley Moore, D. (1949), T*he Woman in Fashion,* London: Batsford.

Langley Moore, D. (1964), *Museum of Costume: The Story of the Collection,* Bath Museum Pamphlet.

Langley Moore, D. (1971), *Fashion through Fashion Plates 1771–1970,* New York:Clarkson N. Potter.

Levey, S. (1984). "The Collections and Collecting Policies of the Major British Costume Museums," *Textile History,* 15 (2): 147–170.

Levitt, S. et al. (2006), "Obituaries: Anne Buck, OBE". *Costume,* 40: 118–128.

Miller, D. (1987), *Material Culture and Mass Consumption,* Oxford: Basil Blackwell.

Miller, D. (2014), *Material Culture,* Berg Fashion Library, online resource.

Palmer, A. (1997), "New Directions: Fashion History Studies and Research in North America and England," *Fashion Theory,* 1 (3):297–312.

Palmer, A. (2001), *Couture & Commerce:The Transatlantic Fashion Trade in the 1950s,*Vancouver: UBC Press.

Palmer, A. (2013). "Looking at Fashion: The Material Object as Subject" in S. Black,A. de la Haye, J. Entwistle, R. Root,H. Thomas and A. Rocomora (eds.) *The Handbook of Fashion Studies,* London:Bloomsbury: 268-300.

Palmer, A. and Clark, H. (eds.). (2005), *Old Clothes,* New Looks: Second Hand Fashion,New York: Berg.

Prown, J. (1980), "Style as Evidence,"*Winterthur Portfolio,* 15 (3): 197–210.

Prown, J. (1982), "Mind in Matter:

An Introduction to Material Culture Theory and Method," *Winterthur Portfolio*, 17 (1): 1–19.

Steele, V. (1998), "A Museum of Fashion is more than a Clothes-Bag," *Fashion Theory*,2 (4): 327–335.

Strong, R. (2000), "Janet Arnold: An Appreciation," *Costume*, 34: 2.

Taylor, L. (2002), *The Study of Dress History*,New York: Manchester University Press.

Taylor. L. (2004), *Establishing Dress History*,New York: Manchester University Press.

"The Costume Institute," (n.d). The Metropolitan Museum of Art.

图 2.1

奶油色真丝结婚礼服鞋，约 1889—1890 年
由路丝 · 道林（Ruth Dowling）赠出
Ryerson FRC1987.04.001A+B
摄影：贾兹敏 · 韦尔奇

2

How to Read a Dress Artifact

第二章　如何解读一件服饰文物

物质客体之所以重要是因为它们具有复杂的、与社会捆绑的象征性、文化及个体的意义，是我们可以触摸、看到和拥有的东西。这种特质也是社会价值能够迅速地渗透并消失殆尽成为普通客体的原因。

——安妮·斯马特·马丁（ANNE SMART MARTIN，1993：141）

本章列出了一个实践性的基础框架，指导如何应用基于物品（对象）研究的方法进行服饰研究。该方法建立在服装史学家和博物馆策展人常用的方法基础上，结合了物质文化研究的理论基础，朱尔斯·戴维·普朗等众多学者阐述观点，得出了这个新的专门针对服饰文物研究的方法框架，并且旨在指导研究人员使用对照清单的方法完成这项研究的流程。

所有用来装饰身体的衣服和配饰，如连衣裙、鞋子、女式钱包、帽子和珠宝都属于物质文化用品，这些物品可以被用作证明一段时期的文化和社会历史。服装与配饰是为了满足一系列实用和美学目的而被设计出来的，通过它们可以传递身份、性别、阶层、所属权、审美或其他社会价值的概念。当一件服装或配饰脱离了之前的主人被保存在博物馆内或作为大学及私人的收藏时，它就成为一件服饰文物，并且被赋予了第二次生命。这类物品将不会再被穿戴或修改，关于这件物品的实物传记将被延伸扩展。理想的情况是，一件服装在被纳入收藏时，会做一份出处记录，内容包括主人或所有者的信息、购买的时间和地点、曾被穿着的地点以及穿着者的照片。如图 2.1 中所示的奶油色结婚礼服鞋上附有一张写有捐赠信息的便条:

> “这双礼服鞋是 1889 年或 1890 年，来自卡利登的玛丽·劳森与来自博尔顿的爱德华·道林（一名电报员）结婚时在婚礼上穿的。卡利登和博尔顿都没有关于这场婚礼举办地点的相关记录。劳森小姐有一个姐姐住在布法罗市，因此这双礼服鞋有可能是在那边购买的。劳森小姐在婚礼上曾穿着一件浅灰色的丝缎长礼服搭配此鞋。”

这种类别的信息会对一件文物的重要性和价值产生实质性的影响，但当物品被纳入收藏时，这类信息并不总是已知的、可用的或已被记录过的。尽管如此，每一件作为文物收藏的服装都会嵌入一个相关的信息描述。

本书旨在帮助研究者从文物中获取到所有的相关信息，并能通过这些信息解开其中的故事，阐明其文化脉络或回答出具体的研究问题。

服装和配饰在物质形态和特征上与其他物质文化物品有着明显区别，因为服饰品与穿戴它们的身体之间承担着某种关联。服装通常用布料制成，用来保护、装饰、标记或遮盖身体。服饰穿在身上也意味着身体的动作被包裹在面料中，特别是在运动过程中与身体突出部位的接触，如肘部、膝盖或出汗的部位。这些标记为服装的档案内容提供了关于穿着者的个人历史证据，“一件服装可能会变得很重要，因为其特殊的物质形态和穿着的身体之间的关系”（Dant，1999：86）。这种与身体之间的密切关系为研究者编写文物描述提供了额外的线索。

本书作者们根据服装的剪裁、结构、纺织品的应用、商标的标注、使用和穿着等独有的特征提出了一种有序的方法来解读服饰文物，并结合他们在帮助学生、教师和研究者进行相关研究时的经验。附录中提供的清单，及各章节后面的注释，旨在系统化地指导研究者们完成整个研究过程。博物馆馆藏类的服饰文物是以特定的研究问题为前提的，通常需要有时间限制的预约方式才能获准对其进行研究，因此这种研究方法被设计得既实用又易于使用。本章总体概述了一个研究框架，并在随后的章节中具体细化指导每个研究步骤。

针对服饰进行基于物品（对象）的研究过程分为三个主要阶段：

细致观察：从服饰文物中捕获信息。

审慎思考：思考具体的经历和背景资料。

解释说明：将细致观察和审慎思考后所得到的信息资料与理论相结合。

1. 细致观察

研究文物的第一步是分析，不管是分析一件连衣裙还是一幅油画，都需要对该物品进行细致的观察与描述。在普朗提倡的方法论中，研究的第一步被称为“描述”，要说明与物品相关的事实证据并记录下来，应识别并及时读取到物品所处的特定时期，并了解从最初被创造以来在以何种方式改变。正如普朗所概述的描述步骤，在最初阶段还包括针对物品自身尺寸的测量与记录，对创建所用材料的详尽描述，以及在检查过程中对其装饰性和隐喻性的分析，还要着重分析该物品的视觉特征，如颜色、光线、纹理、变化规律及形式。

作为一种替代方法，本书中提出的细致观察作为基于物品（对象）研究的第一阶段，还包括能够用于捕获服饰文物信息所需的所有步骤（图 2.2）。

图 2.2

桃色真丝和雪纺连衣裙的上衣细节
埃奇利 · 多伦多（Edgley Toronto），约 1910—1912 年
赠出人不详
Ryerson FRC2013.99.036
摄影：英格丽 · 米达

第一阶段的目标是针对文物获取到足够多的事实信息以编写出丰富的描述性文字，并通过大声朗诵呈现出这件服装的视效图像。在专为研究服饰文物而设计的清单中列出了细致观察阶段的概述。从大致笼统到具体细化，这份清单提供了一种基于问题研究的方法以指导研究者完成服饰文物的调查。清单全方位地列出需要细致观察文物的各个方面的内容，包括结构、纺织品信息、商标及关于使用 / 穿着 / 修改过的证据，并在第三章内容中有更深入的讲解。

第一阶段的基础前提是一种寻找的方法，我们称为“缓慢观察法”，就像在其他工作中所提倡的需要耐心去做的慢动作一样。“缓慢观察法”倡导的是要仔细寻找、思考和理解所有能掌握的证据。就如同夏洛克 · 福尔摩斯能对他面前的帽子上存在的视觉线索进行仔细思考，但华生没有。观察服饰文物是具有挑战性的工作，特别是在时间被限定的情况下很容

图 2.3

橱柜肖像卡（Cabinet card portrait：因适合在客厅，尤其是在橱柜上展示而得名，19 世纪后期流行，照片被安装在卡片纸上，通常在照片下方的卡片底部留出 1/2 到 1 英寸的空间印上摄影师或照相馆的名称），出自安大略省皮克顿社区的 Hess，约 1885 年，私人收藏

易错过微小的细节，所以成功的关键是我们需要一个好的心态，放慢速度，有序且谨慎地工作，花更多的时间去近距离地细致观察。

2. 审慎思考

审慎思考是一个沉思的阶段。在普朗的方法论中，基于物品（对象）研究的第二阶段被称为“推论”，在这个过程中，普朗建议研究者对物品进行情感和感知上的接触，以帮助自己认清文化和个人偏见。因该步骤经常会令研究者感到困惑，我们提出一个可替代的、更详尽的方法，并在通过实践检验后，用于审慎思考阶段。

审慎思考是一个深思熟虑的过程，是与细致观察阶段完全分离的且不同的阶段。这种沉思建立在我们与生俱来的认知基础之上，如我们是否会穿衣，以及这件衣服穿在我们身上是否合身且舒适。这种与物品之间的情感和感知接触通常是在潜意识中发生的，特别是我们会被自己喜欢的、可能会穿的服装所吸引。在这个阶段，研究者会被要求停下来重新考虑他们检查服装后的体会，对服装的感受、气味和外观做出更具个人特质的书面记录，这些记录内容更像是一份从创作服装开始到现在之间的，针对其文化信仰转变的概述。注意到这些变化会帮助研究者思考关于服装的问题，即从它被创造之日起，是如何与时代和社会相关联的。尽管审慎思考的过程是凭直觉去进行的，但那些被记录下来的个性化的查验内容会帮助研究者识别其中存在的个人偏见，还能够意识到对待服装所发生的文化信仰的转变。

例如，当研究者拒绝查验毛皮服装时，预示着当代社会对选择穿皮毛制品的态度发生了变化（图 2.3）。

审慎思考阶段的另一个重要方面是收集和分析其他相关背景材料的信息来源，如出处记录、鉴别其他收藏中的类似服装、相关的图文资料等。这些出处文件，如果能收集到的话，将会为研究者提供关于穿着者阶级和身份的宝贵信息。另外，在鉴别出自同一设计师的相似款式服装或其他物品时——它们出自同一个或不同的系列——可以提供一些额外的比对基准。如果研究者正在进行一个衣橱分析，或是对捐赠人所处的社会历史感兴趣，那么鉴定和研究同一个人所穿的服装可以获取到关于那个人的穿衣风格、颜色和材质选取的偏好等丰富的资料来源。证据类图像有照片、时装插图（图 2.4）或绘画，以及文本类资料如内容记录、日记、信件和杂志期刊，这些都可以作为审慎思考分析阶段丰富的信息资料来源。

3. 解释说明

第三阶段就是将所有之前的研究工作结合在一起。在普朗的方法论中，这一步骤被称为“推断”，研究者需要将描述性信息、情感和感知信息综合融入推理阶段，形成一种假设以解释手中的证据。在这一阶段的研究中，普朗指出差异可以让我们对另一种社会或文化的无意识方面有更深入的理解。但对许多学生和研究者来说这一步骤可能会出现问题，因为在服饰文物研究过程中收集到证据之后，没有明确的前进方向，正如瓦莱丽·斯蒂尔特别提到过的，这将会导致“一系列未回答的问题”出现。本书提出了一个替代的阶段研究方法，名为“解释说明”。这种方法要求研究者尽量广泛地运用他们的经验和时尚理论知识，并综合在细致观察和审慎思考阶段收集到的资料去解释说明其研究结果。一件服饰文物可以用来支持各种各样的假设或问题研究的发展过程。解释说明是这类研究中最具有创造性和想象力的阶段，对线索的解释说明不可能仅凭一种方式方法，因为每位研究者在进行这一阶段的研究时都抱有不同的目标。本书列举的七个案例研究中提供的是一种可行性的方法。

图 2.4

时装插画，法国女性杂志 *Journal des Demoiselles*，
未注明日期（约 1885—1887 年）
私人收藏

缓慢观察法

仔细查验一件服饰文物的指导原则是采用缓慢观察法。要像福尔摩斯一样，服饰侦探必须要花费足够的时间耐心地观察隐藏在服饰文物中的微小线索：例如，一处松散的线迹、一块小的磨损补丁、一块拼缝在腰部的面料、一张出现在帽子盒中的收据、标记在内衬里布上的首字母缩写、被缝合上的口袋，还有服饰的结构细节、磨损的图案、改动的痕迹和其他线索都可以通过细致的观察去发现。这种观察方式——缓慢观察法——要求一种思想上的转变。研究者必须放慢速度全心投入，并细致入微且有条不紊地研究手中的证据。在开始查验一件服饰文物之前，研究者需要下定决心专注于眼前的工作，具体来说，服饰侦探应当暂停下来，远离其他外界干扰，得到精神上的放松后再放慢速度。服饰侦探在记录笔记或手绘草图之前需要先盯着服装查看，仔细考虑每一处小细节，然后在脑中构想出服装的画面和看到的每个细节特征。即使有时间限制会制约这种缓慢的工作方式，但作为一位心思细腻的研究者还是会先花点时间去调整放松精神，并放慢速度开始专注于手中的工作。

缓慢观察法需要全心投入去细致观察，这样才能注意到一件 19 世纪的紧身衣上被磨损过度的扣眼细节，此处细节表明穿着者可能在怀孕初期时曾穿过这件紧身衣（图 2.5）；细致观察一款从风格上看似乎出自 20 世纪 30 年代的连衣裙，上面的拉链是塑料的，这表明它是一件当代的翻版服装；或者是用 18 世纪的纺织品制成的 19 世纪款式的连衣裙，这表明此款面料被重复使用在不同风格的设计上。只有通过耐心地细致观察才能注意到这些细节，还有在实践发展基础上建立使用的查验清单也推进了这套系统化的研究方法。

在参观研究机构之前，研究者应该翻阅查验清单，考虑与他们的研究目标相关的问题，评估研究的重点是否是设计师、服装类型、构造方式、一段历史、性别理论、性特征或身份、生产和消费周期、穿戴者身

图 2.5

黑色真丝制紧身衣上磨损的扣眼细节，约 1870 年
由鲍勃 · 加拉格尔（Bob Gallagher）赠出
Ryerson FRC1999.05.011
摄影：英格丽 · 米达

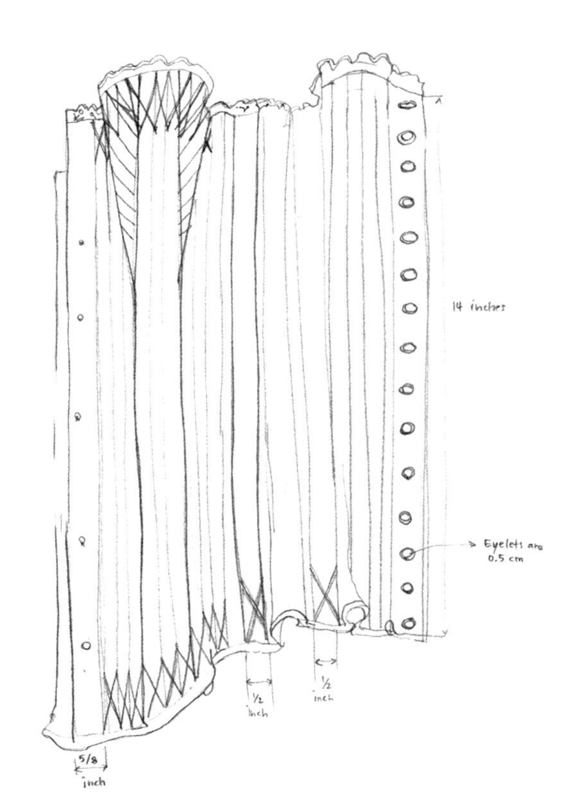

图 2.6

英格丽·米达手绘紧身衣案例研究注解草图

处的社会历史、物品的传记或其他内容。在知晓研究目的的情况下，服饰侦探可以更好地利用有限的时间。此外，更理想的状态是研究者先行做好一些关于服装的设计师、服装类型和创作时期的背景调研，确保在预约前做好充分的准备工作。

资料记录方法

资料记录是研究的一个关键要素，因为一些小细节可能会很快被遗忘，或被融合进模糊的印象中。虽然在研究工作中配备笔记本电脑和铅笔是必要的，但在某些场地中是不允许携带笔记本电脑、笔和相机的。此外，还需备有一套设备齐全的工具，包括一个卷尺、一个放大镜和一台禁用闪光功能的照相机。

绘制草图是帮助大脑放缓速度的一种方法，在绘制的过程中，要注意到小的细节，并计算服装裁片之间的关系。这些快速的手绘图对记录、标记测量的位置也是有帮助的，因为有可能稍后就会忘记测量起始和（或）结束的位置。对许多人来说，手绘草图的方法可能会令人生畏，但其目的不是创作艺术品，而是细致观察的一个辅助过程。草图最终可能是一幅粗略的线条绘图（图 2.6），但这是记录关键信息，并能配合采用缓慢观察法的一种最有效的方法。

在时间充裕的情况下，最好是分别手绘服装的正面和背面两张带注释的草图。要特别专注精准地将服装的剪裁与结构绘制于纸面上，一张准确的手绘图需要仔细地记录下每一个细节元素，包括衣身的剪裁、接缝的细节、袖长至手腕的准确长度、裙摆长度或附着在服装上的装饰配件。许多服装史学家，包括英国的诺拉·沃（Norah Waugh）、珍妮

图 2.7

绿色真丝上衣内部，约 1900—1905 年
由阿伦·萨顿赠出
Ryerson FRC1999.06.010
摄影：英格丽·米达

特·阿诺德和珍妮·提拉马尼，以及加拿大的多萝西·伯纳姆（Dorothy Burnham），都将手绘草图的方法用于他们对服装的剪裁和结构的分析。

因为大多数研究者预约的时间都受限制，所以采用摄影的方式去捕捉服装的关键特征是非常具有诱惑力的做法。但是建议大家如果仅是使用摄影手段作为单一的信息记录方式需谨慎行事，因为近距离的细致观察和亲手触碰文物会比摄影获取到更多信息（现代技术常会出现技术故障问题）。相对来讲，拍摄照片是很容易的事，并被认为可以捕捉到足够多的信息，方便日后从照片中读取到有关服饰文物的资料。摄影被推荐作为辅助记忆和记录的方法，但它并不是主要用于研究的方法。

以研究为目的的拍摄通常需要获得博物馆或大学的藏品研究许可。拍摄的过程中应注意尽量降低对服装的触摸次数。这就意味着要在打开服装检查内部之前就完成所有前面的拍摄，之后再翻过来查看和拍摄后面（图 2.7）。通常情况下，拍照时是不允许使用闪光灯的。有些时候，可以选择购买专业照片。需要注意的是，在网站或印刷品上发布文物的照片通常需要附加博物馆、藏品研究方面或设计师的书面许可（可能需要支付相关的费用）。

大多数博物馆会提供处理文物藏品时所用的手套，尽管在多数情况下，研究者根本不被允许接触这些服装，通常是展馆负责人或助理亲自操作处理这些服装，让你对其进行查看和拍照。此外，尽量避免穿着或佩戴会无意损坏或刮伤文物的衣服和配饰，例如悬垂的项链或锯齿状的珠宝可能会刮到纺织物，或是长围巾可能会垂落到查验桌台上。

参考文献

Arnold. J. (1972), *Patterns of Fashion:Englishwomen's Dresses and their Construction 1660–1860*, London: Macmillan.

Arnold. J. (1977), *Patterns of Fashion 2: Englishwomen's Dresses and their Construction 1860–1940*, London:Macmillan.

Arnold. J. (1985), *Patterns of Fashion 3: The cut and construction of clothes for men and women 1560–1620*, London: Macmillan.

Burnham, D. (1973, reprinted 1997), *Cut My Cote*, Toronto: Royal Ontario Museum.

Dant, T. (1999), *Material Culture in the Social World*, Philadelphia: Open University Press.

Dowling, Ruth, (1987), Letter to Katherine Cleaver, September 28; Ryerson Fashion Research Collection Donations Binder 1981–1989.

Palmer, A. (2001), *Couture & Commerce:The Transatlantic Fashion Trade in the 1950s*, Vancouver: UBC Press.

Prown, J. (1982), "Mind in Matter: An Introduction to Material Culture Theory and Method," *Winterthur Portfolio*. 17 (1): 1–19.

Smart Martin, A. (1993), "Makers, Buyers, and Users: Consumerism as a Material Culture Framework," *Winterthur Portfolio*,28 (2/3): 141–157.

3 *Observation*

第三章　细致观察

图 3.1（对页）

查验桌台上黑色刺绣连衣裙，约 19 世纪 60 年代
由匿名者赠出
Ryerson FRC2003.10.001A+B
摄影：英格丽 · 米达

“换言之：观察一件物品要深入其中，从本质入手把握住它所能呈现出的全部内容。”

——**莫里斯·梅洛-庞蒂（MAURICE MERLEAU-PONTY，2002：79）**

这件连衣裙被平整地摆放在一张罩有台布的桌面上等待被查验，就像尸体一般软弱无力且毫无生气（图 3.1 和图 3.2）。服饰侦探应该从哪里开始？本章将概述在查验一件服饰文物的细致观察阶段如何使用附录一中查验清单的具体步骤。查验过程中要找到和掌握所有的证据必须采用缓慢观察法并系统地完成这份查验清单。其关键做法就是要近距离地仔细观察和有条不紊地进行，并最大限度地减少在处理服饰时对其造成的损坏。这份查验清单由 40 个问题构成，划分为 6 个部分：

1. 一般描述；
2. 服装结构；
3. 纺织品类；
4. 商标 / 标签；

图 3.2

黑色刺绣连衣裙局部图，约 19 世纪 60 年代
由匿名者赠出
Ryerson FRC2003.10.001A+B
摄影：英格丽 · 米达

5. 使用、修改和损耗；

6. 辅助材料。

在使用查验清单时，建议研究者使用特定的服饰与时装术语进行详细的记录，配合使用时装词典有助于精确描述出衣领、袖子、裙装及其他服装类型的准确词语，促进研究者对服装关键部位的测量（如袖长、腰围、下摆长度、拉链长度、纽扣或珠饰大小等等），以得到更多有效的相关信息。查验清单的内容注释如下：

一般描述

这个部分的问题涉及范围较广，概括地描述服装和配饰的一些关键性的、容易被发现的特征，其目的在于进行下一步更细化的分析之前记录下最初期的印象。

1. 这是件什么类型的服装?

先记录服装所关联的性别，再用概括性的词语定义服装，如女装晚礼服、男装大衣、女孩夹克或男孩鞋。如果是显而易见的款式，要注意记录其特定的设计用途，如图 3.3 所示的 CN 塔（加拿大国家电视塔）连体式制服。

2. 制作这件服装所用的主要面料是什么?

这些面料成分是天然纤维（真丝、羊毛、棉、麻）、合成纤维还是混纺织物？需要注意，识别当代服装的织物成分可能会非常困难。

3. 服装的主要颜色和（或）图案是什么?

记录使用基本颜色的词汇——红色、黄色、蓝色、绿色、黑色——再加入一些描述性词汇，如宝石红色或祖母绿色以形容色调。颜色大概是服装最难被客观记录的方面之一，因为每个人看到的颜色是不一样的，很难找到既准确又通用的颜色术语。例如第十一章中的迪奥夹克被描述为是“宝石红色”而不是深红色或酒红色。首先在记录中应指出服装的主色调，然后再识别图案，如花形、花呢、条纹或波卡圆点。

4. 服装上有任何标识吗?

要观察服装上是否有设计师商标、商店标签、水洗标和（或）尺码标（图 3.4）。

5. 服装或配饰出自哪个年代或哪段时期?

通常情况下，博物馆的负责人会对服装或配饰的生产日期和年代进

图 3.3

CN 塔连体式制服，1976 年
由匿名者赠出
Ryerson FRC2013.99.003
摄影：贾兹敏 · 韦尔奇

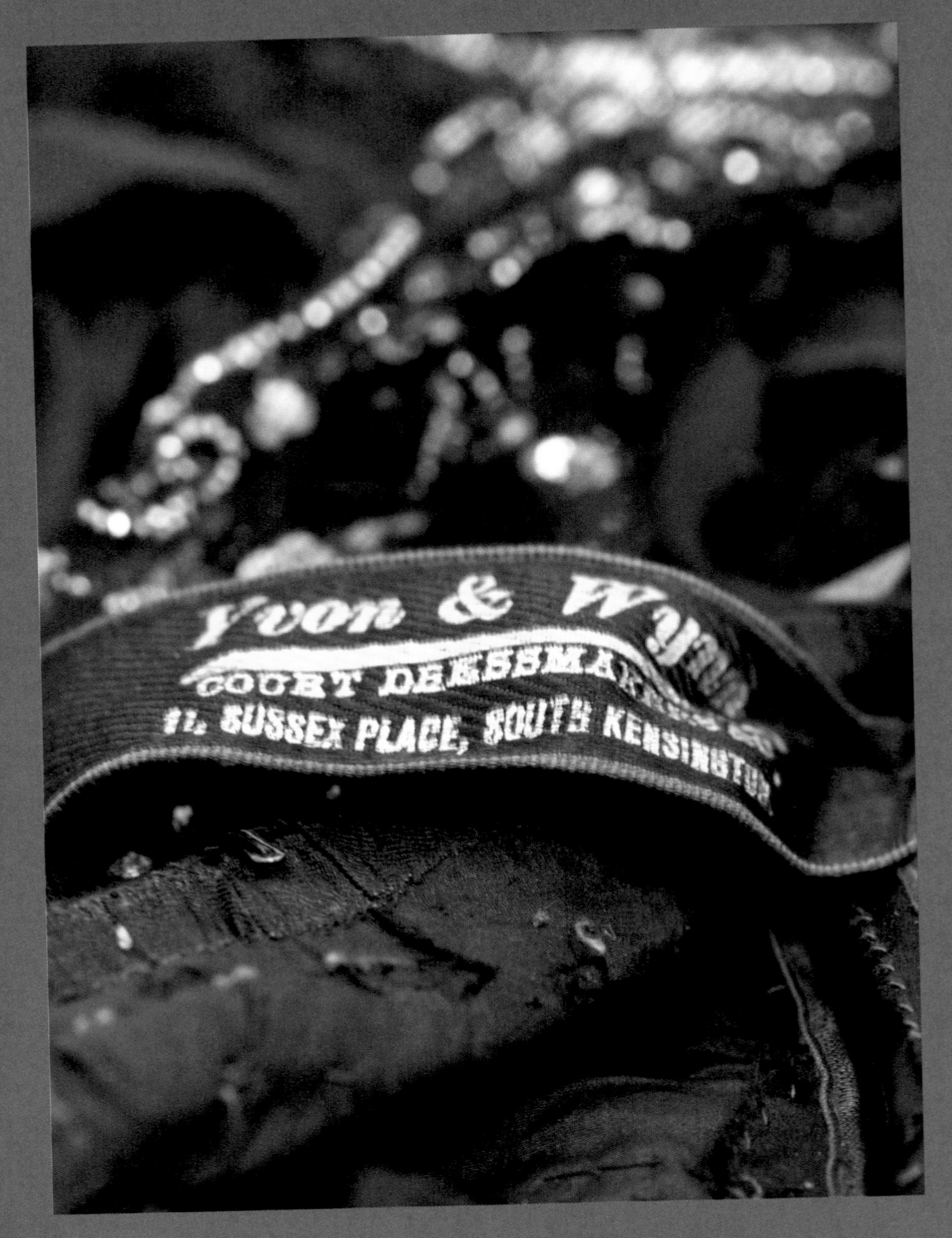

图 3.4

Yvon & Wynn Court 裁缝店商标，
约 1900 年
由匿名者赠出
Ryerson FRC2013.99.050
摄影：英格丽 · 米达

图 3.5

破损的粉色真丝上衣，约 1900 年
由匿名者赠出
Ryerson FRC2013.99.048
摄影：英格丽 · 米达

行评估。如果其所属的时间不详，那么这件服装将会成为你调查研究的重点。相较于其他已经有具体时期记载的服装，这件服装还需记录其廓形、纺织品和工艺技术。

6. 服装能否被安全处理以避免造成进一步的损坏？

历史悠久的服饰通常是极其脆弱的，即便是非常小心地处理也会对其造成额外的、无法弥补的损坏。那么手套是必要的吗？（图 3.5）

7. 这件服装最不寻常或最独特的方面是什么？

这里需记下你对服装最显著特征的最初印象。

8. 在藏品系列中是否有其他相似款式的服装，可能是出自同一个设

计师又或是出自同一个时期？

对相似款式服装的结构、材料和装饰风格方面的对比可以帮助你获取到有用的研究资料。

服装结构

细致观察一件服装的结构对于确定其所属的年代，以及寻找与性别和身份等相关的文化信息类线索都是非常重要的，因为服装的结构可以突出身体的某些部位。服装上的结构改动迹象还有助于了解其制作技术的发展，例如 19 世纪中期开始采用的缝纫机和钢圈的应用。

9. 描述服装的主要结构组成。

以一件连衣裙为例，应描述其上身、裙身、袖子和领口部位等，让你的语言尽可能准确具体（时装词典在此时会非常有用），还要记录下对你研究有帮助的各部位测量的数据。最好找出一套系统的操作方法，以确保服装的所有重要部位都能被细致查验和记录到，比如用从内至外、从上至下或从左至右的方法细致查验服装的各部位，应选择更适合自己的方法有条不紊地进行。如果你被允许可以触碰服装，要轻轻触摸它，发现其隐藏在内部的细节，如内附的衬垫、内衬或帮助服饰固定悬垂的金属重物。

无论以英制还是公制尺寸记录相关的数据测量，都要切记，20 世纪 70 年代之前的许多文本资料使用的是英制尺寸。此外，需要考虑到与研究问题紧密相关的测量都有哪些，在服装没有尺码标的情况下还需要一些凭感觉的测量（如腰围或胸围）。

10. 服装的结构是否突出了身体的某个部位？

例如，19 世纪 90 年代的巨大羊腿袖是为了突出女性的肩膀，还会令她的腰部显得更细。

11. 这件服装是用机器，还是手工或结合了两种技术缝制的？

美国胜家（Singer）缝纫机于 1851 年获得专利，这是服装生产的分水岭，因为之前的服装都是手工缝制的。

12. 这件服装是如何开合固定的？

服装的侧身、后身或前身上是否缝有拉链，或缝有金属 / 塑料 / 包布纽扣，还是其他类型的开合固定？（图 3.6）

某些特定时期有特殊类型的服装开合固定设计，例如在 20 世纪 30 年代金属拉链被视作现代化创新的标志性设计而受到欢迎。同样值得注意的是，衣服上的纽扣会经常发生变化，尤其是这些纽扣被持续地使用

图 3.6

蓝色天鹅绒上衣的按扣，约 1939 年
由桑德拉 · 加维（Sandra Garvie）赠出
Ryerson FRC1999.02.001A
摄影：英格丽 · 米达

意味着它们很容易被损坏，需要经常更换，因此服装上的纽扣可能不是原始的，它们可能比衣服本身的年代要晚。

13. 服装的前身和侧身上是否有口袋？是否有兜盖或隐藏式口袋？

在19世纪的服装中，上衣、衬裙或裙子腰带上设计有暗袋(图3.7)。

14. 服装的显著构造特点是什么？

比如，这件服装是否应用了斜裁技术、非传统材料或其他类型的结构元素？

15. 在服装的接缝处是否有清晰可见的布边（selvedge：织物长度或经向的边，布边的主要目的是保护织物的边缘，承受织造过程中的各种外力而不破损），还是布边已被剪裁或缝合融入服装的结构中？

如果在服装上发现有布边，这种经处理加工过的布料边缘可以揭示有关该面料生产的宝贵信息。例如，如果发现有两条布边被保留在服装的结构中，就可以知道此块面料的布幅宽度。通过观察布边还可以发现服装剪裁的细致程度，特别是布边被用作装饰元素时，如图 3.8 中的上衣细节图。

16. 服装的构造形式与其所属的年代相符吗？

了解工艺技术改变时尚发展的历史时间线对这个问题的研究很有帮助，比如 19 世纪 60 年代苯胺染料的推出，19 世纪 30 年代人造丝和拉链被越来越多地应用。

17. 这件服装是否有加固处理？

了解服装内部是否附有衬垫、金属丝、金属或藤条圈、皮革滚边，以及接缝或下摆处是否缝有鱼骨。

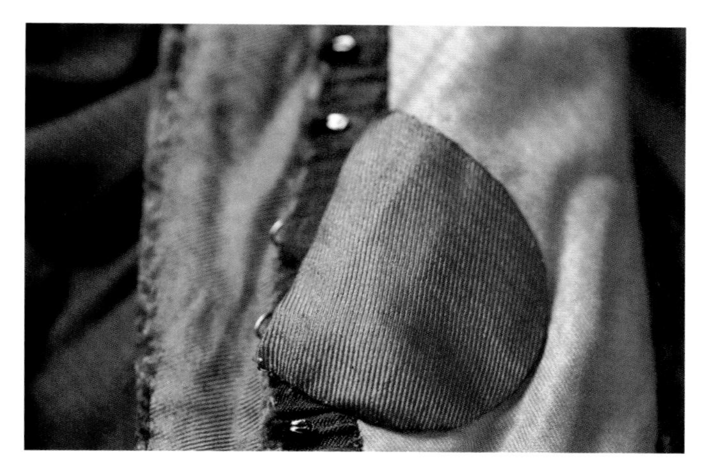

图 3.7

隐藏式口袋，棕色上衣案例研究，约 19 世纪 80 年代
私人收藏
摄影：英格丽 · 米达

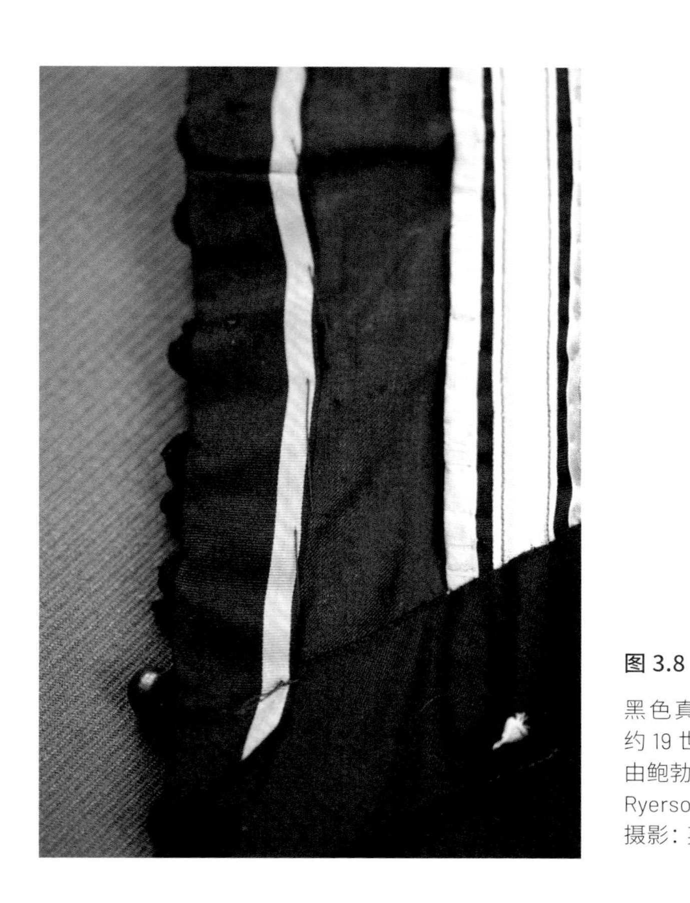

图 3.8

黑色真丝上衣内的布边，
约 19 世纪 70 年代
由鲍勃 · 加拉格尔赠出
Ryerson FRC1999.05.011
摄影：英格丽 · 米达

18. 服装是否缝有里布（内衬）？

查看内衬有助于了解服装的历史。服装的内衬会随着时间的推移而褪色，或需要更换，因为它们比服装的其他元素更容易磨损。从使用的内衬面料（真丝、丝缎、涤纶）的品质还可以推测出穿着者的经济状况。

纺织品类

面料的选择会直接影响到服装本身的悬垂性、线条、形状及外观。通常，服装是由纺织品制成，但也有使用其他材料制成的服装，如金属（图 3.9)、皮革、纸或木料。了解用于制作服装或配饰的纺织品和材料的特性对研究分析服装会有极大的帮助。

图 3.9

安妮 · 玛丽 · 祖默（Anne Marie Zumer）设计的铜制亮片连衣裙，1984 年
由安妮 · 玛丽 · 祖默赠出
Ryerson FRC2008.09.002
摄影：英格丽 · 米达

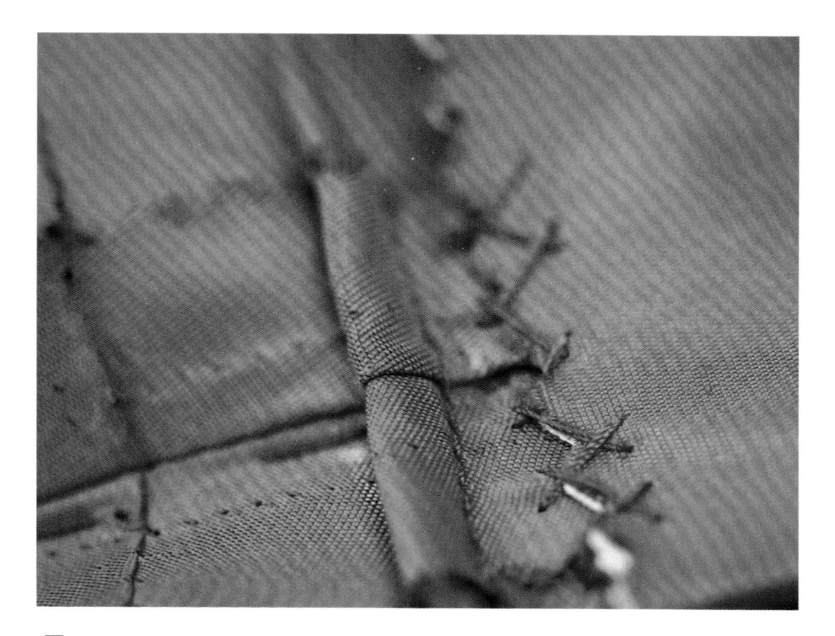

图 3.10

亮彩色塔夫绸连衣裙，约 20 世纪 50 年代
由贝亚特 · 齐格（Beate Ziegert）赠出
Ryerson FRC1981.02.018
摄影 · 英格丽 · 米达

在记录纺织品时，需要重点描述出两个主要元素。第一个是用于织造面料的纤维。有时会相对简单些，可以直接看出面料是由真丝还是羊毛织造的。在 20 世纪 30 年代人造丝等合成纤维被广泛应用之前，大多数服装都是使用羊毛、真丝、麻或棉织面料制成的。这些天然纤维可以编织在一起，生产出庞大类别的混纺织物。它们的重量不同、加工处理工艺不同，外观也不同，所以很难准确地辨认出这类混纺面料中混织了哪些天然或人造纤维，但你可能会从中辨别出主要的纤维，或记录下你最贴近的猜测。

第二个元素是记录面料的织纹结构，就是面料在织布机上的编织方式。无论是前工业化时期的手工编织还是全机械化生产，纱线交织的方式不同决定了成品面料最终的特性。常见的织纹结构有平纹组织、斜纹组织（有特别的斜向罗纹）和缎纹组织（表面光滑）。所有这些织纹组织都可以使用各种纤维进行编织，因此人们常谈论的缎是用真丝织成的，但类似的缎面组织效果同样可以用合成纤维织造。

市面上有许多面料词典可以帮助你了解不同类型的织纹结构，其中包括一些常用术语；线上也会提供一些纺织信息资源，如俄亥俄州立大学的线上纤维参考图像库（The Fiber Reference Image Library）。应注意的是，不同类型的面料名称会随时间而变化，也可能因地区而存在差异（例如，棉布在英国被称为“calico”，在北美被称为“muslin”）。在检查记录面料的编织结构时，最有用的工具是高倍放大镜，它可以让你非常细致地查看织纹的构造。

19. 主要使用的是什么纺织品或材料？

它是天然纤维还是人造纤维？尽可能识别出所使用的纤维和织纹类型（图 3.10）。使用放大镜可以有效地进行这一步骤的观察，混纺面料中含有越来越多的合成纤维，这会让识别当代服装面料成分的工作变得非常困难。通常我们唯一的做法是从现代服装的水洗标上读取准确的面料成分信息，水洗标上会以百分比的形式标注面料成分中的纤维含量。

20. 制作服装所用的面料是否被精加工处理过，如漂白、压烫或上光？

精加工的处理工艺类别会直接反映出纺织品类的潮流趋势。

21. 服装和内衬有使用其他纺织品吗？

服装的制作可以结合使用不同的纺织品。需要考虑到其他品类的面料是如何融入服装的设计和结构中的。

22. 服装上有条纹或图案吗？

这种条纹或图案是如何制成的？是面料上的织纹，还是印染或使用不同工艺方法形成的，如模板印刷、手绘或面料再造（Fabric / textile manipulations，改变织物原本外观、悬垂性或形状，创作出一种新的样貌形式）。

23. 服装上是否还有其他装饰，如贴花、镶边、蕾丝、钉珠、刺绣、纽扣、荷叶边、褶饰带或蝴蝶结？

服装上留有相关痕迹——例如细小的针孔或缝合痕迹——是否表明此类装饰已经被移除？（图 3.12）

24. 服装的面料是否经过加固处理，如填充衬垫、装饰绗缝线迹，以及缝有内衬、金属线或鱼骨？

图 3.11

20 世纪 40 年代的条纹棉制女式手包
由詹妮弗 · 韦尔什（Jennifer Welsh）赠出
Ryerson FRC2000.06.002
摄影：贾兹敏 · 韦尔奇

图 3.12

珍妮裙上的钉珠和玫瑰花朵装饰细节，
1921 年
由珍 · 多塞特赠出
Ryerson FRC2001.02.002
摄影：英格丽 · 米达

这些都是关于服装结构非常有价值的细节资料。我们常会因服装上的小面积磨损或损坏而发现这些隐藏在内部的细节，但要非常小心地去查看，避免对其造成进一步破损。

25. 纺织品是否会因为时间的推移而褪色或变色？

查看衣领、口袋边或其他避光部位可以得出结论。

合成纤维纺织品

在第一次世界大战期间，法国最先开发应用了人造丝织品，之后由杜邦公司购得其产权。该产品最早以“纤维丝”（Fibersilk）之名在市场上进行销售推广，但遭到了消费者的抵制，之后于 1924 年，杜邦公司将其重新命名为“人造丝”（rayon，又称粘胶）。这个词结合了“ray”（指人造丝的光泽）和“on”（指一种纤维如棉花）。随后杜邦公司展开了密集的宣传推广活动，包括在 *Harper's Bazaar* 杂志上发布广告，宣传人造丝是一种时尚且易于打理的新型替代材料，并相继研发创新了更多相关纺织品类。该公司在 20 世纪 50 年代中期推出达克纶（Dacron），1959 年推出莱卡（Lycra）。人造纤维的应用占比随着时间的推移而有所增长，20 世纪 90 年代的占比份额就达到了约 50 : 50。到 2010 年，人造纤维丝织品占世界纺织品总产量的 60%（World Apparel Fiber Consumption Survey，2013 : 2）。

商标 / 标签

据说查尔斯·弗雷德里克·沃斯（Charles Frederick Worth, 1825—1895）是第一位在他创作的时装上使用他本人签名作为商标的设计师。20 世纪初，设计师波烈、香奈儿、浪凡和薇欧奈等人开始将他们的签名商标作为服装品牌的名称以保护他们的设计，从那时起，商标被视作品牌的标志，沿用至今。一些标签的用途还旨在界定服装出处的真实性（鉴定真伪），上面会标注序列号（图 3.13）或款式图，向买家保证其产品不是仿制的。服装的标签还可以用来标注符合监管要求的纺织品成分含量、服装尺码、洗护方法及产地等信息。

如果在服装中能找到一个标签，不论是设计师商标还是商店的店标，在上面都可以找到与制作者和服装相关的信息。商标或所有权的标识会以不同的形式出现，服装上可能会出现绣制或手写的主人名字。在许多当代服装中，商标通常被缝在服装内的领部贴边 / 贴片（facing）上，制造者标签可能被缝在内部的侧缝、裙缝、腰带或肩缝的位置。

商标上的文本和字体还可以提供服装所处时期的社会和文化背景方面的宝贵资料。字体的样式风格可以作为服装年代的参考，因为它们与平面设计趋势变化密切相关。主流设计师和商店的商标设计会经常随着时间的推移而发生变化，在 Vintage Fashion Guild 等众多的网站上都可以查询到大量证据充分的相关记录。

26. 服装上有制造者标签吗？

如果有的话，这个标签与设计师的作品相符吗？它是否提供了创作年代的相关线索，如款式编号和季节？在高级时装上，有时会出现手写标签以说明服装的名称或特定的数字编号（图 3.13）。

27. 是否有商店标签可以确认服装的购买地点？

从这个标签上是否可以了解到服装的历史？百货公司通常会在服装内附上该店的店标。如果这家百货公司已经关闭停业了，那么通过这个店标就可以推测出服装大概是哪一年被出售的。

28. 服装上有水洗标和其他信息标签吗？

水洗标是服装生产规则中新近发展应用的标签，常出现在当代服装中。

29. 服装上有尺码标吗？

服装的尺码因国家而异，这是另一个相对较新的监管要求。

图 3.13

珍妮裙上的定制编号，1921 年
由珍 · 多塞特赠出
Ryerson FRC2001.02.002
摄影：英格丽 · 米达

30. 服装上是否有与具体所有者信息相关的标识，如首字母刺绣、名牌或洗衣店标牌？

高级裁缝店和女装定制屋通常会在服装内附上标注有客户名字的标签。这类服装是针对所有者的个性化设计（图 3.14）。另外，制服通常也有名牌，戏服的名牌标签上除了有演员或舞者的名字外，还会标注剧院或芭蕾舞团的名称。

图 3.14

衬裙上绣的名字，约 1890 年
由 D. 刘易斯夫人（Mrs. D. Lewis）赠出
Ryerson FRC1986.09.101
摄影：贾兹敏 · 韦尔奇

使用、修改和损耗

在这部分，研究者需要考虑服装被所有者穿着导致磨损或被改变的方式。这部分的重点是观察服装从最初的设计和结构，是如何随着时间的推移而变化到目前的状态的。应注意的是，博物馆或研究收藏中的一些服装可能已做过保护处理，添加了材料以修护易损的部分，或减少破损部分的视觉影响。这些修护通常被设计处理得非常巧妙且很难被发现。

31. 这件服装的结构有被改动过吗？

服装上是否有补丁、折边、暗缝（false hem）或拼贴布片以延长使用寿命？服装的哪个位置有被延长、放量、收进或裁过的痕迹？查看服装的下摆边缘是否有向下延长，接缝处是否有向外放量，以及是否拼贴有额外的面料以适用不断膨胀的身材，以及是否有被裁掉的部分？

32. 服装的哪些位置有磨损？

服装的某些部位会因为身体的活动受到严重的磨损。查看腋下、领围、关节部位（臀部、膝盖、肘部）、纽扣周围及下摆边缘。还应注意服装上的任何一处装饰，查看是否因为面料撕裂才添加的装饰。服装上是否有珠宝（装饰品遗落留下的针眼）或缝合留下的针眼？是否有因严重摩擦而出现面料变薄的位置，如肘部、裤子和裙子后面落座的位置？女装的一侧肩膀位置是否有被肩包或钱包磨损的迹象？

33. 服装是以何种方式被弄脏或损坏的？

接缝处是否出现撕裂、真丝是否断裂或面料是否腐烂？是否有受到虫蛀的痕迹？需要从这些破损的痕迹去考证服装是如何被穿坏和储存的历史。

34. 这件服装在原色基础上有染过色吗?

装饰镶边或其他形式的装饰有被拆开或去除的痕迹吗?

35. 这件服装的风格是否主导当时的时尚潮流，或者它是各类型风格的结合产物，又或者是私人定制款?

在 18 世纪和 19 世纪，纺织品是非常昂贵的，所以礼服常会被重新剪裁以适应风格的变化，或改制成舞会盛装（Fancy Dress）。

辅助材料

理想情况下，博物馆和研究收藏中已经包含了与服装相关的记录材料，如穿着者的照片、销售账单，甚至可能还有服装被穿着使用的场合或者是对穿着者感受记忆的记录。在大多数情况下，接受捐赠的服装的信息是不允许公开的，但非常有必要去询问展馆负责人这些服装是否有相关的辅助材料，因为这些辅助信息对丰富服饰文物的故事是非常有帮助的。

36. 服装在被纳入收藏时是否有相关的出处记录?

如果你被允许可以查阅记录，就记下服装的捐赠者、前期的保护工作、参展记录或与之相关的前期研究记录等重要信息。

37. 有这件服装的照片吗?

博物馆的文档记录中是否有服装所有者穿着该服装的照片？是否有相关的时装秀场、展览、时尚杂志或博物馆档案类的照片?

38. 是否有更多的相关信息或文档资料可以表明这件服装的原始价格?

这件服装是否曾被收录于杂志或销售目录中，或早期的任何相关研究记录中？

39. 是否有关于这件服装的制造商信息、商店的标签（吊牌）或最原始的包装？

标签和包装可以作为服装查验过程中丰富的背景资料，也可以作为服装是否曾真的被穿着过的线索材料（图 3.15）。

40. 这个藏品系列中是否有同一位设计师或同时期其他设计师的相似款的服装？

如果进行衣橱研究分析，需要考虑是否有来自同一位捐赠者的其他服装。

图 3.15

带有品牌吊牌的 Kenzo 绿色棉制上衣，
约 20 世纪 80 年代
由桑德拉·伯恩鲍姆（Sandra Birnbaum）赠出
Ryerson FRC2012.04.003
摄影：英格丽·米达

在你的预约接近尾声时

如果可能的话，在预约临近结束时，你需要查看自己的笔记以确保你已记录下所有的关键信息。你要确保已记录好相关的博物馆检索号或特定的识别号，这会让你在研究过程中很容易地找到服装，以及方便未来与馆藏工作人员有效沟通。这类检索数字号码常会被混淆，所以需要同馆藏工作人员确认你已经正确地记录了它们。在你离开博物馆或藏品设施场地后，花点时间记录下你当时的感想和情绪反应，这有助于你进入下一阶段的研究。

参考文献

Calasibetta, C. M. and Tortora, P. (2003),*The Fairchild Dictionary of Fashion*, New York: Fairchild.

Cumming, V., Cunnington, C. W. and Cunnginton P. (2010), *The Dictionary of Fashion History*, Oxford: Berg.

Dupont History Timeline (2014).

Keist, C. (2009), "Rayon and its Impact on the Fashion Industry at its Introduction,1910–1924." *Graduate Theses and Dissertations*. Paper 11072.

Merleau-Ponty, M. (2002), *Phenomenology of Perception*. Smith, C. (trans.),London: Routledge.

World Apparel Fiber Consumption Survey(2013). Food and Agricultural Organization of the United Nations and International Cotton Advisory Committee.

图 4.1

奶油色真丝上衣内部的钩扣扣环，约 19 世纪 90 年代
由阿伦 · 萨顿赠出
Ryerson FRC1999.06.006.
摄影：英格丽 · 米达

4 Reflection

第四章　审慎思考

通过对物品风格的分析，我们直接接触到了它的过去；我们对这件幸存物品的相关历史事件有着直接的感官体验……打个比方说，会感受到它被委托生产、制造、使用或喜爱等隐藏在其肌肤之下的不同体验。

—— 朱尔斯·戴维·普朗（1980：208）

在观察和处理他人创造和穿着的衣服时，我们可以看到、触碰和嗅到它的过去。在查验的过程中，我们可能知道也可能不知道其制作者或穿着者的名字，但它的身上会留有他们的痕迹（图 4.1）。我们能感受到服装的质地、重量和主体轮廓。我们会测量服装的尺寸。我们现场查看了其形状结构、缝合的版型、装饰的形式。我们还能看到服装上面的污渍、磨损和补丁。这些都是我们能够掌握的关于它过去的信息资料。

服装是物质记忆的一种形式，它携带着与身体有过亲密联系的印记。在针对一件服装进行细致分析的过程中，我们试图揭开隐藏在其背后的传记故事。尽管我们没有意识到在研究物品历史时所投入的个性化情感，它确实存在，毫无疑问，会令我们的观察和研究结果带有个人色彩，因为我们每一个人的表达都会反映出我们所处时代的文化立场。在一天的工作中，我们会无意识地对国籍、阶级、性别、宗教、政治、职业、年龄、种族和性征做出假设和判断，为了能够做到客观分析，我们必须保证这些假设的真实性，并努力克服个人的曲解和偏见。

在普朗的文章《思考事物的方式：物质文化理论与方法导论》中，他推荐了一个被称为“推论”（deduction）的步骤，作为研究者思考物品是如何被使用（穿戴）的方法，以及如何针对该物品所体现出的文化信仰进行假设。对于许多学生和研究者而言，这种与物品的想象性接触是一个难以理解的步骤，导致在继续或解释的研究工作中出现了许多困惑和不确定性。

在本书中，专门针对服饰文物研究的第二阶段被称为“审慎思考”（Reflection）。在这个阶段的研究中，研究者不仅需要思考他们的背景、偏好和偏向性如何影响和充实其研究，还要考虑到其他可供使用的相关资料，如照片、插图、绘画和文本来源。正是这一部分将我们与普朗的方法区分开来。我们的方法旨在帮助学者在研究服饰文物的过程中应尽可能去思考更丰富的多学科方面的资料。

学习研究不一定是一个线性过程，但需要有阶段性的进展。要充分利用研究预约的时间，不要浪费有价值的展馆资料，一些与藏品相关的研究最好在访问档案馆或查验藏品前完成。这些前期工作是非常必要，也非常有价值的，这些信息资料必将影响其结果。随后对服饰文物的查验将根据发现的线索而提出问题，或者需要其他辅助信息进行解释说明。审慎思考的研究阶段认可其过程的自然流动性，是迭代而不是线性的过程。

审慎思考阶段包括 20 个问题，分为 3 个部分：感知思考、个性化的思考和相关资料信息。本书附录二是审慎思考清单，本章针对该清单进行了注释讲解。这份清单的创立目标是解锁个人偏向性及文化偏见，并能够发现和思考更为全面的，可以进一步支持文物研究分析的相关资料。这份清单再次鼓励研究者针对问题记录下他们的解答内容，以获得最佳的结果。尽管相对于手上正在研究的文物，这份清单似乎更容易解答，但建议记录回答这份清单的工作安排在研究预约之后进行，因为这一部分内容涉及范围更广泛。

感知思考

织物是可以被感知的，是非语言性的，能够唤起人们一系列感官上的体验，包括视觉、听觉、嗅觉和触觉[1]。通过意识到所有可能发生在潜意识层面的感官反应，服饰侦探承认在查验文物的过程中会存在着固有的判断。

视觉

1. 这件服装是否体现出受到风格、宗教、艺术或符号标志性的影响？

细想一下，伊夫·圣洛朗于 1966 年创作的蒙德里安裙（Mondrian dress）运用了皮特·蒙德里安的绘画主题元素，2010 年亚历山大·麦昆在其遗作设计系列中参考了巴洛克风格形象。

2. 这件服装的风格与它所处的时代相符吗？

在它身上有受到那个时期影响的痕迹吗，还是完全背道而驰？例如，如果在收藏记录中显示这件服装出自 20 世纪 60 年代，但是它看起来更像是 20 世纪 50 年代新风貌风格，这表明了记录的准确程度，或穿着者在服饰风格上的选择。

触觉

3. 这件服装是用什么质地的面料制成的？其重量是多少？在服装的

构造中还应用了其他材料吗？

面料质地是柔软奢华的，还是坚固厚重的？其构成材质会随着时间而改变吗？例如，柔软的皮革不能在最佳条件下保存，可能会变硬和开裂。这件服装会让皮肤感觉舒适吗？还是会令皮肤瘙痒或被擦伤？服装会有接触地面或沿着地面拖动的设计部分吗，如拖尾或斗篷？

听觉

4. 当一个人穿上这件服装时会发出声音吗？

试想一下，细高跟鞋在地板上的咔嗒声，真丝长裙在女人腿上摩擦的嗖嗖声，遮阳伞被打开时所发出的声音。

嗅觉

5. 这件服装有味道吗？

我们的鼻子可以检测到服装中隐藏的汗液、体味、动物气味、污垢及霉味等各种味道，这些过去的气味会令我们的内脏感到不适，甚至会出现排斥反应。

个性化的思考

因为我们天生就有可能会被物品（对象）以某种方式所吸引，所以去思考是什么吸引了你去穿上这件服装，以及你最初希望通过针对物品（对象）研究过程学到或发现什么是非常重要的。

当我们在观看一件博物馆展出的服装时，我们可以凭直觉知道我们是否会愿意穿上它，以及判断出它是否适合我们的身体。这种现象就是我们用个性化反应来思考服装。

6. 查验这件服装的动机是什么？

你对穿着它的人，它的制作者，还是其他与之相关的传记故事感兴趣吗？

7. 你的性别与身材尺码是否与穿着或拥有这件服装的人相同？

穿着它的人比你胖，还是比你瘦？这件衣服适合你的身材吗？

8. 这件服装穿在你的身上会是什么感觉？

可能会紧，还是宽松？这件服装会导致身体不适或疼痛吗？

9. 如果可以的话，你会选择穿上这件服装吗？你会被其风格和颜色所吸引吗？

是它的色彩或图案吸引了你？（图 4.2）还是它的外表吸引了你？

图 4.2

外套上花形毛线绣（crewel）图案，约 20 世纪 70 年代
由唐纳 · 吉恩 · 麦金侬（Donna Jean MacKinnon）赠出
Ryerson FRC1993.04.004
摄影：英格丽 · 米达

这是关于个人观点的评估，没有正确或错误的答案；你对服装在其视觉上的吸引力评估表明了你的偏好和品位。

10. 服装或配饰的设计是否体现出其结构的复杂性或工艺元素的娴熟运用？（图 4.3）

还要考虑到该服饰文物是否具有功能性的设计。

11. 创造者是否想借助服装传达情感、身份、性征或性别角色？

这件服装是在表达幽默、喜悦、悲伤，还是恐惧？（参见图 3.3 和图 3.11 中令人愉悦的印花图案。）

12. 你对这件服装会产生情绪上的波动吗？

它会吸引到你，还是会让你反感？它会令你联想到其他事物吗？思考一下你的个人反应是否表明了一种文化信仰的转变。你能找出在你的研究中存在的个人偏见吗？

上述问题旨在帮助研究者识别和认知他们的个人偏见和信仰，因为我们可能会无意识地以我们认知的特定时期和地点规范划分服装的性征、所属性别、阶级和身份地位等具体体现，但却忽略了文化信仰是如何随着时间和文化的改变而变化的。应对我们的时间和观点随时保持警觉才能鉴别出区间的差异。例如，在某种程度上对一件服饰文物的排斥——因为它的气味、外观、质地、剪裁或穿着方式，又或者是因为其他方面——是一条关于文化信仰或个人偏见的提示。这种情况可能会发生在一件头部和四肢都保存完好无损的一整张水貂毛皮制品上，这整张毛皮曾经是财富和地位的象征，但在当下会引起人们对它的排斥（图 4.4）。这类情况还发生在我们不愿意穿戴的服饰物品上，因为它已经不符合我们的审美观了。这种差异能够反映出社会文化立场的改变，以及

图 4.3

伊冯 · 林（Yvonne Lin）设计的皮革连衣裙的切割细节，2012 年
由伊冯 · 林赠出
Ryerson FRC2013.04.001
摄影：英格丽 · 米达

我们审美偏好对我们判断力的影响。通过个人层面与物品的接触，服饰侦探的风格喜好和文化偏见是显而易见的。

相关资料信息

服饰不是独立存在的物品。它们在服装史中所处的位置，取决于在它们诞生前后人们穿的是什么，以及同时期其他的人在制作和穿着什么。服饰文物在被穿着时期可能很时髦，也可能不符合主流时尚。背景——服饰文物的创作、销售、穿着，以及保存环境——有助于描述服饰文物可以被充分理解和评估的范围。

相关资料记载（contextual material）——与物品、制造者及所有者相关的文本和图像——有助于研究者了解文物自身透露出的线索。

在博物馆中观看任何一件物品时，应记住的重点是这类藏品不一定能代表人们在特定时期内的实际着装。并不是每一件服饰物品的传记都具有研究价值而获得馆内永久性的财力或资源上的维护，许多服饰文物

图 4.4

水貂毛皮披肩细节，约 20 世纪 50 年代
由匿名者赠出
Ryerson FRC2006.02.007
摄影：贾兹敏 · 韦尔奇

收藏都会优先考虑具有较高经济价值、美学特质或内在价值的服饰，通常是用于特殊场合穿着的服装，如晚礼服或定制套装。此外，如工作性质类的服装可能会被穿到破损，且在服饰品类中不具有代表性。博物馆内负责人的偏向性也会起到一定作用，他们更倾向于选择和保存他们喜欢的服饰物品。

理想的情况是所有服装都会附带有穿着者、购买地（图 4.5）、售价和曾被穿着的时间等相关信息，但这些信息通常是未知的，或者服装在被纳入收藏时其相关信息已被遗忘。如果捐赠者是一位知名人士或名流，或许在报纸、杂志或网上的档案记录中会找到一些线索。

如果服装是由一位希望匿名的捐赠者赠出，或是没有出处记录，那么关于这类服装的其他文本信息或类似的信息将会以文字或图像的形式出现在杂志（图 11.1）、视频、时装秀场图（图 12.1）、插图（图 4.6）、广告或绘画中。这类服装可能成为其他服装史学家或时尚学者的研究对

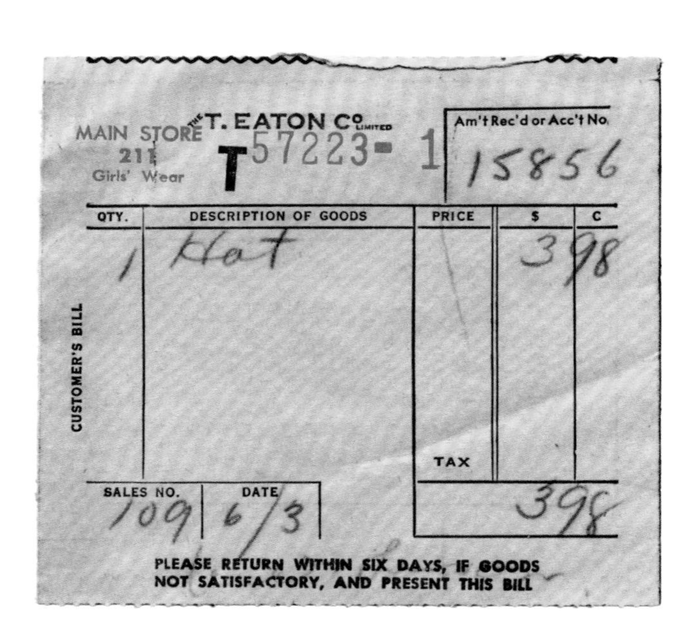
THE T. EATON Co LIMITED
MAIN STORE 211 Girls' Wear
T 57223- 1
Am't Rec'd or Acc't No. 15856

QTY.	DESCRIPTION OF GOODS	PRICE	$	C
1	Hat		3	98
		TAX		
			3	98

CUSTOMER'S BILL

SALES NO. 109 DATE 6/3

PLEASE RETURN WITHIN SIX DAYS, IF GOODS NOT SATISFACTORY, AND PRESENT THIS BILL

图 4.5

购于伊顿百货（The T. Eaton Co. Limited，是加拿大一家已结业的连锁百货公司）未注明日期的帽子收据
私人收藏

图 4.6

时装插画

Magasin des Demoiselles 杂志，1854 年
4 月 25 日

私人收藏

象，并在深入彻底的文献研究中发现有用的文章或书籍。针对服装资料的初步调查能够使服饰侦探细致回想该物品作为文物的独特性，以及该物品在时尚史上的地位，并引出研究的最后阶段。

13. 如果你被允许获取文物的出处记录，会揭示出穿着者的哪些信息，以及他们与服装有哪些关联？

这些信息可能包括捐赠者的信件，说明他们在哪里购买的这件服装，会在什么时间穿着它，它对于穿着者的意义是什么，或因何种原因让他们将它保存下来。如果附有捐赠者曾穿着这件服装的照片，则可以将其作为他们穿搭的视觉参考资料。

14. 在博物馆、研究收藏或私人藏品中是否存在款式相似或出自同一位设计师或制造商的其他服装？

在针对服装的研究预约之前摸清这类信息对之后的研究工作是非常有帮助的，如果这类服装存在的话，就可以将它们与研究对象进行对比研究。

15. 在其他博物馆也收藏有类似服装吗？

回答这个问题有助于你确定研究对象的稀有和独特性。世界各地的许多博物馆已经将他们的藏品进行了数字化处理以尽量减少对易损服装的触碰，并提供了开放式的访问模式。由于受数据库的限制，这些藏品的信息很少有经过谷歌优化处理的，因此只能在博物馆的门户网站内进行搜索。网站的文本框（这里指检索用的文本输入栏）列出了一组来自世界各地的可供在线搜索藏品的门户网站。你能从其他各地的藏品中获得什么信息？认真思考其他藏品中类似款式的数量以及能够获取到的关于该文物的信息类型，包括书籍和 / 或刊物文章。

16. 在其他学者的著作中、介绍设计师作品的书中或业内评审类的刊物文章中是否有关于这件服装的内容？

阅读关键性的学术文章类信息可以节省宝贵的时间，改进下一阶段的研究质量，对收集到的证据作出有效的解释说明。

17. 在 Etsy、eBay、古着零售电商或拍卖网站上是否有销售类似款式的服装或相关的介绍信息（广告、时装款式图片、包装和其他印刷材料）？

这些网站可以提供一个窗口，让人们了解哪些东西是有价值或可收藏的。请参阅拍卖网站的文本框。

18. 在书籍、杂志、博物馆藏品记录或线上网站中是否有这件服装或类似款的相关照片、绘画或插画？

发现这件服装包括类似服装的图像参考可以令研究者理解服装的实际穿着方式，还可以了解到相关的社会背景信息。

19. 这件服装及其他相似款式是否在信件、收据、杂志、小说和其他形式的文字材料中被提及？

文本参考资料为正在研究中的关于那个时期的文化态度提供了更多线索。

20. 如果服装的制作者是一位知名设计师，则需要获得关于他们的哪些信息？

这件服装是以何种形式出现在他的作品系列中的？曾在设计师的作品展上展出过吗？设计师是否出版过自传，是否在杂志或报纸上发表过该设计师的相关人物简介？

在回答还可以获取到哪些其他相关材料的问题时，研究者应关注那些与他们最初的研究目标相关的领域。并非所有的材料都能与专项或特定的课题研究相关。

藏品网站精选
（网站地址请参阅本章参考文献）

欧洲数字图书馆（Europeana）

这是一个展示了众多被数字化的欧洲博物馆藏品和私人收藏档案的门户网站。截至 2015 年 2 月，该网站已接入大约 65 万件时尚类物品，如服饰文物、秀场图片、博物馆及私人收藏档案中的其他文物。该网站可以搜索识别出所有已被纳入的博物馆藏品及相关信息，包括其创作者 / 设计师、日期、类型、设计形式、博物馆和版权信息。

大都会艺术博物馆服装学院收藏（The Metropolitan Museum of Art Costume Institute Collection）

这里收藏有超过 3.5 万件服装和配饰，其中最早的藏品历史可追溯到 15 世纪。这家位于纽约的博物馆还提供每件藏品的多幅图像、广泛的描述性信息及详细的出处记录。

维多利亚和阿尔伯特博物馆（The Victoria and Albert Museum）

这里拥有超过 7.5 万件，时间跨越了四个世纪的纺织及时尚物品收藏。网站允许访问获取他们所持有藏品的相关信息。这些信息的内容广泛，包括每件时尚藏品所使用的材料和技术分析、标记和捐赠信息、物品历史、参考书目、视频及相关资料。

动力博物馆（The Powerhouse Museum）

这家博物馆位于澳大利亚悉尼，约收藏有 3 万件服饰及纺织品文物，包括男装、女装、童装、时尚插图、绘画、图片、纺织品、样品册、设计师档案及时尚杂志。该网站登记有每件藏品的描述信息、生产日期及尺寸。在网站上进行档案搜索时，会自动生成一份相似藏品列表以便查看。

拍卖网站

时装被作为收藏品是一种较新的现象。尽管古着服装曾经一度可以用相对便宜的价格购买到，但现在情况已经不同了。世界上一些声誉较高的拍卖行，包括佳士得和苏富比，以及一些专业级别的拍卖行——如伦敦的 Kerry Taylor 和纽约的 Karen Augusta——会定期出售时装收藏品。研究他们的拍卖目录和网站也可以作为相关资料信息的收集来源。

注释

1. 虽然味觉是五种感官中的一种，但从健康和文物保护的角度来看，品尝服饰是不合适的做法，因此在论述中被省略掉。如果一件服饰文物是用巧克力或糖果等可用食材制成的，那么试想一下在穿着这件服装的过程中味蕾可能会被激活。

参考文献

Blanckaert, P. and Rincheval Hernu, A.(2013), *Icons of Vintage Fashion: Definitive Designer Classics at Auction 1900–2000,*New York: Abrams.

Chan, S. (2007), "Tagging and Searching:Serendipity and museum collection databases," in J. Trant and D. Bearman (eds.) *Museums and the Web 2007: Proceedings*, Toronto: Archives & Museum Informatics,published March 1, 2007.

Europeana.

Merleau-Ponty, M. (2002), *Phenomenology of Perception*. Smith, C. (trans.), London:Routledge.

Metropolitan Museum of Art, Costume Institute.

Petrov, J. (2012), "Playing Dress-Up:Inhabiting Imagined Spaces through Museum Objects," in S. Dudley, A. J. Barnes, J. Binnie, J. Petrov, and J. Walklate (eds.), *The Thing about Museums: Objects and Experience, Representation and Contestation*, London:Routledge: 230–241.

Prown, J. (1980), "Style as Evidence,"*Winterthur Portfolio*, 15 (3): 197–210.

Prown, J. (1982), "Mind in Matter: An Introduction to Material Culture Theory and Method," *Winterthur Portfolio*, 17 (1): 1–19.

The Powerhouse Museum.

Victoria and Albert Museum.

5 *Interpretation*

第五章　解释说明

图 5.1（对页）

比尔 · 布拉斯（Bill Blass）为莫里斯 · 伦特纳（Maurice Rentner）设计的柠檬黄色连衣裙配夹克套装，约 1960—1963 年
由芭芭拉 · 麦克纳布（Barbara McNabb）赠出
Ryerson FRC1986.01.001A+B
摄影：贾兹敏 · 韦尔奇

服装可以展现出过去人们日常生活的精彩画面、信仰、期盼与希望。

——琳达·鲍姆加藤（LINDA BAUMGARTEN，2002：VIII）

这件服装已被查验过，并且已经收集到了相关的证据资料。绘图、笔记和照片都经过了仔细的整理。针对服饰文物的个性化反应——对面料及其重量的感知、嗅到曾穿着的身体气味、服装的剪裁、颜色及合身的程度——都在考虑之内。该研究对象的相关记录及其他相关资料记载都已被阅读，包括经过反复思考鉴别出其他与之相似的藏品后，那么接下来需要做什么？

解释说明是研究者将各研究阶段中收集到的所有证据联系在一起，并对其含义进行分析的过程。解释说明作为基于物品（对象）的研究过程中最具有挑战性的步骤之一，很难明确地阐明该步骤的处理过程，因为每位研究者的目标不相同。这个过程既富于想象力，又具有高度的创造性，要求研究者在这个过程中将其他阶段收集到的知识进行消化理解，找出规律，作出推测，并得出结论。

将细致观察步骤中收集到的证据汇聚成一个极为微妙的观点，并与时尚、服饰和物质文化理论融会贯通使其更加丰富，这种方法不可能被规范化，因为时尚本就是一个跨学科领域，需要从范围广泛的理论中汲取观点依据。一件服饰文物可以被用作示例范本以解释说明数目繁多的时尚类话题，包括技术应用、社会史、艺术史、社会学、心理学、人类学、设计史、文化理论、生产和消费周期以及经济学。

在服饰研究过程中，解释说明阶段的核心是发展和深思那些收集到的与服装相关的证据对于特定的研究问题的意义（图 5.1），为什么你会认为针对这件物品（对象）的研究很重要，以及你期望的结果是什么？这件特殊的服装又能阐述说明出哪些时尚类问题？（图 5.2）

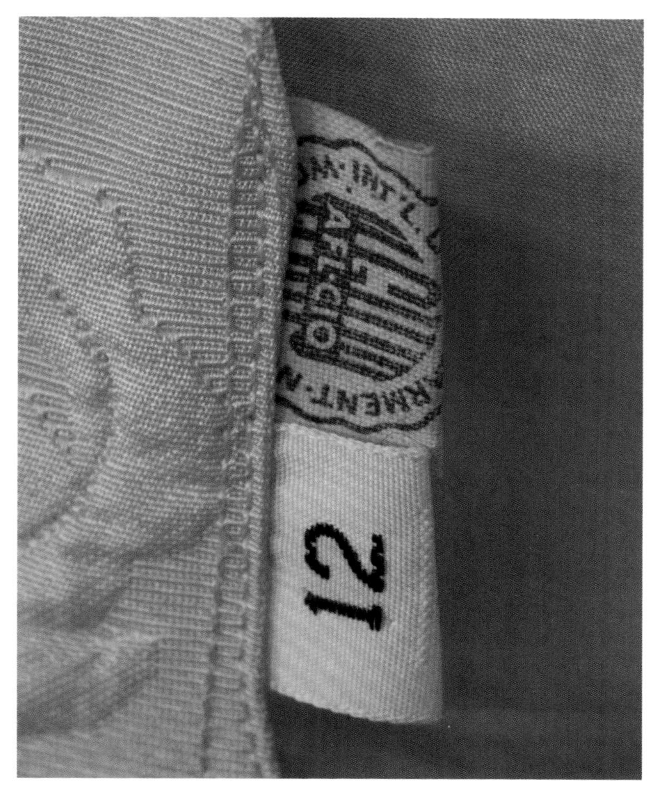

图 5.2

缝合在比尔 · 布拉斯设计的连衣裙内的商标和尺码标
由芭芭拉 · 麦克纳布赠出
Ryerson FRC1986.01.001A
摄影：贾兹敏 · 韦尔奇

每位研究者都会有自己不同的经验背景和专业技能。制作者倾向于关注服装的结构；史学家可能更关注服装所具备的美学品质，或者它的时髦样式是如何被描绘在绘画和其他媒介中的；社会学家可能更感兴趣的是服装在主人衣橱中的作用；而经济学家可能对生产和消费过程感兴趣。不论他们的专业背景如何，他们都是见多识广、阅历广泛，并且跨越了学科界限的时尚学者。

本章的目标是帮助研究者将他们观察到和收集到的资料联系起来，并明确下一步的计划，因此基于物品（对象）的研究不应该以简单的文字描述而结束。研究的最后阶段需要消化吸收所有这些资料，以便将证据转化为一种假设，或一种可以与丰富的时尚和物质文化理论融会贯通的叙述观点。

运用时尚理论进行解释说明的结果

时装作为一种文化现象，是一个相对较新的、独立的研究领域。时尚理论期刊《时尚理论：服饰，身体与文化》于1997年创刊；该刊将时装定义为“体现身份的文化建构”，并为针对时装的批判性分析和学术研究提供了讨论的平台。然而，并没有单一的理论或总体框架来描述时装现象，因为时装已经与探讨各种人类活动的行为准则紧密相关。就时装领域而言，其涉及范围广泛，包括设计、生产、推销、陈列和消费等环节。如果讨论时装缺乏一个总体框架可能会让新学者感到困惑和难以理解，但也为他们在解释说明其研究结论时提供了更富有想象力和创造性的机会。

理论——用来解释特定现象的一套想法或一个框架——可能看起来非常抽象和高深莫测。理论的核心是推断，它代表了一个学者的观点，这个观点因时间的推移而被其他学者所普遍接受。理论也会随着时间的变化和学术的发展而推陈出新。在这个阶段，时装专业毕业的本科生和研究生应通晓从卡尔·马克思到米歇尔·福柯等理论家的一系列主要的理论观点。

该借鉴哪位理论家的理论观点很大程度上取决于手头的研究项目，这不能是被指定的。然而，如果研究者牢记理论本身就是其文化信仰的体现，那么这个过程就不会那么令人生畏了。当理论被用作解释证据的补充时，建议做一次全面的文献综述，以确保找出关键性的理论出处，因为学者或文化理论家的研究列表有可能都是不完整的。想要在本书中总结出所有的，与时尚相关联的主要理论家的理论观点，并用来解释服饰文物研究的证据是不可能的。一些关键性的文化理论家和学者包括罗兰·巴特（Roland Barthes）、让·鲍德里亚（Jean Baudrillard）、皮埃尔·布尔迪厄（Pierre Bourdieu）、乔安妮·恩特威斯特（Joanne Entwistle）、米歇尔·福柯（Michel Foucault）、乌瑞克·雷曼（Ulrich Lehman）、卡尔·马克思（Karl Marx）、格奥尔格·齐美尔（Georg Simmel）、托斯丹·范伯伦（Thorstein Veblen）和伊丽莎白·威尔逊（Elizabeth Wilson）等，还有许多其他人。

例如，根据法国哲学家米歇尔·福柯（1926—1984）的说法，“身体是温顺的，可以顺从、被使用、改造和改进”。在他的著作《规训与惩罚》（*Discipline and Punish*）中，福柯追述了对身体采用的训练规则方法——曾经主要用于军队、修道院和生产车间——转化为一种普遍的支配民众的模式。“服从产生纪律规则和实践性的身体，顺从的身体”，在时间、空间和示意动作的系统安排下身体受到纪律约束，并创造出个人的自我控制力（Foucault，1977:215）。在将福柯的理论应用于时尚时，有人可能会争辩说，有一种综合性的社会力量作用于塑造身体，尽管会出现能动性（注：这里的 Agency 指哲学中的能动性，是行动者在指定环境中的行动能力）的错觉，因此没有意识到个性已经转化成为思想行为的一部分。在第七章中，对 19 世纪末期的灰蓝色棉缎束身衣的案例研究中，这件文物可以被用来思考是何种社会力量鼓励女性穿着束身衣，并将其作为约束女性身体的形式，可以使用福柯的顺从性的身体理论来阐明和解释。与之相反，该章侧重于另一种角度的解释说明，讨论的是与束身衣生产技术发展相关的问题，是关于束身衣的制造成本足够低到能够适合所有阶层女性的问题。

关于如何解释手中的证据，没有标准的答案。使用理论的目的是阐明在文物研究过程中发现的实质性问题，并创建一个充分的论点以支持潜在的研究问题。这个过程可能是迭代的，需要根据文物的文本来源记录、档案或图像中获得的证据资料尝试反复多次的细致思考和重新斟酌。

服饰文物是具有物质价值和文化价值的复杂综合体。读懂一件服装就像是理解一幅油画：两者都可以科学精准地去进行研究，但解释说明是主观的。本书中确立的指导方针旨在帮助收集整理证据的工作，但最终，研究者必须既要富有想象力，又要严格缜密地给出其解释说明的结果。以下七个案例研究旨在说明如何使用来自服装的证据去说明服饰文物的背后故事及文化信仰。这些被选中的服装是时尚学者可能会研究到的极具代表性的西方时装款式，可以帮助他们解决在研究中遇到的各种问题。

第六章是针对一件大约出自1820年的黄色羊毛女式长外衣（pelisse）进行的案例研究分析。这件羊毛外衣是在缝纫机和大规模服装生产出现之前的具有代表性的服装款式，还有衣身上的军装风格装饰细节，展示了介于男装和女装风格之间的流畅美感，且极具创造性。它可以被用作服装消费方面的研究。

第七章讲解了一件出自私人收藏的19世纪末期灰蓝色棉缎束身衣。束身衣被女性认同的过程可以作为引用福柯关于顺从的身体理论的一个实例，也可以用来思考束身衣生产技术的变化，如它在19世纪末被大规模量产的宣传活动，以及对当代时尚的持续影响。

第八章将一件出自私人收藏的19世纪90年代的棕色平绒（Velveteen，用经纱或纬纱在织物表面形成紧密绒毛的棉织物）拼接羊毛制女式紧身短上衣作为工人阶层服饰的代表案例，这可能是一件家庭自制的周日盛装（Sunday best，周日去教堂穿着的服装）。工人阶级服饰和大规模量产的服装在博物馆的收藏中往往鲜少有代表性的款式，但这些文物也可以用来帮助解释时尚体系的运行机制和服装的生存周期。

第九章是瑞尔森大学（Ryerson University，现在的多伦多都会大学）研究收藏中编号为 FRC2013.99.034A+B，大约出自 1912 年至 1922 年的燕尾服搭配礼服长裤的男士晚礼服套装的案例分析。通过仔细查验这套服装可以分析男士服装及时装之间错综复杂的微妙变化，以反驳 18 世纪末抛弃艳丽服饰后的男性服装几乎没有变化的传统观点。

第十章分析的是瑞尔森大学的研究收藏中编号为 FRC2013.99.004A+B，未注明日期和出处，浪凡设计的结婚礼服和头饰。这件高级定制服装与头饰都被改动过，上衣被替换成不同的面料，重新缝合了袖子上的珠饰，这表明第二位穿着者对它们进行了改动，并重复使用于另一个场合。这件礼服为讨论结婚礼服的文化意义提供了一个机会，以及一些过往的回忆，此外还说明了服装是如何随着时间的推移而分解的。

第十一章分析了瑞尔森大学研究收藏中编号为 FRC2000.02.053，克里斯汀·迪奥（Christian Dior）于 1949 年在纽约发布的秋冬系列中的一件宝石红色天鹅绒夹克，这件高级定制服装是由匿名者捐赠的，所以应如何针对其设计细节进行彻底查验有助于确定服装的年代。这件夹克也可以与范伯伦的炫耀性消费概念、对理想女性美的讨论、皮埃尔·布尔迪厄视角下的关于习惯的体现或针对高级定制系统的研究联系在一起。

第十二章是 Kenzo 2004 秋冬系列中的一件和服风格夹克。这件夹克证明了受西方和亚洲文化影响的融合设计风格在当代时尚中的上升趋势。不同类型的面料拼接成了这件夹克的融合式风格结构，为引用理论家让·鲍德里亚在论文《时尚，或代码的迷人奇观》（Fashion, or The Enchanting Spectacle of the Code）中提出的“过去的元素是可以被循环使用的，以及令人陶醉的可笑的时尚行为得到了颂扬”等观点提供了切入点。该夹克来自瑞尔森大学的研究收藏，编号为 FRC2009.01.686，是一位捐赠者所赠出的众多服装中的一件，还可以用来思考如何通过个人的衣橱去构建其身份的问题。

本书中的案例研究为读者提供了具体的参照范本，并列举了基于物品（对象）研究的三个不同阶段：细致观察、审慎思考和解释说明过程中使用查验清单的方法。然而，应该注意的是，这种范本格式可能适用也可能不适用于学术论文，读者可能更倾向于重新编排他们的研究结果，以得到更流畅和更综合的分析格式。

参考文献

Barthes, R. (1985), *The Fashion System,*London: Cape.

Baudrillard, J. (1993), “Fashion, or The Enchanting Spectacle of the Code,” in *Symbolic Exchange and Death,* London:Sage: 87–100.

Baumgarten, L. (2002), *What Clothes Reveal: The Language of Clothing in Colonial and Federal America,* New Haven:Yale University Press.

Bourdieu, P. (1998), *Distinction: A Social Critique of the Judgement of*

Taste,Cambridge: Harvard University Press.

Davis, F. (1994), *Fashion Culture and Identity*,Chicago: University of Chicago Press.

Entwistle, J. (2000), *The Fashioned Body*,Cambridge: Polity Press.

Foucualt, M. (1977), *Discipline and Punish,English translation*. New York: Pantheon Press.

Kopytoff, I. (1986), "The cultural biography of things: Commoditization as process," in A. Appadurai (ed.), *The Social Life of Things*, Cambridge: Cambridge University Press:64–91.

Lehmann, U. (2000), *Tigersprung: Fashion in Modernity*, London: MIT Press.

Marx, K. (1992), "The Fetishism of the Commodity and Its Secret," in Capital, Vol.1:*A Critique of Political Economy*, New York:Penguin.

Simmel, G. (1957), "Fashion," *American Journal of Sociology*, 62:541–558.

Veblen, T. (2007, first published 1899), *The Theory of the Leisure Class*, M. Banta (ed.), New York: Oxford University Press.

Wilson, E. (1985), *Adorned in Dreams: Fashion and Modernity*, London: I. B. Tauris.

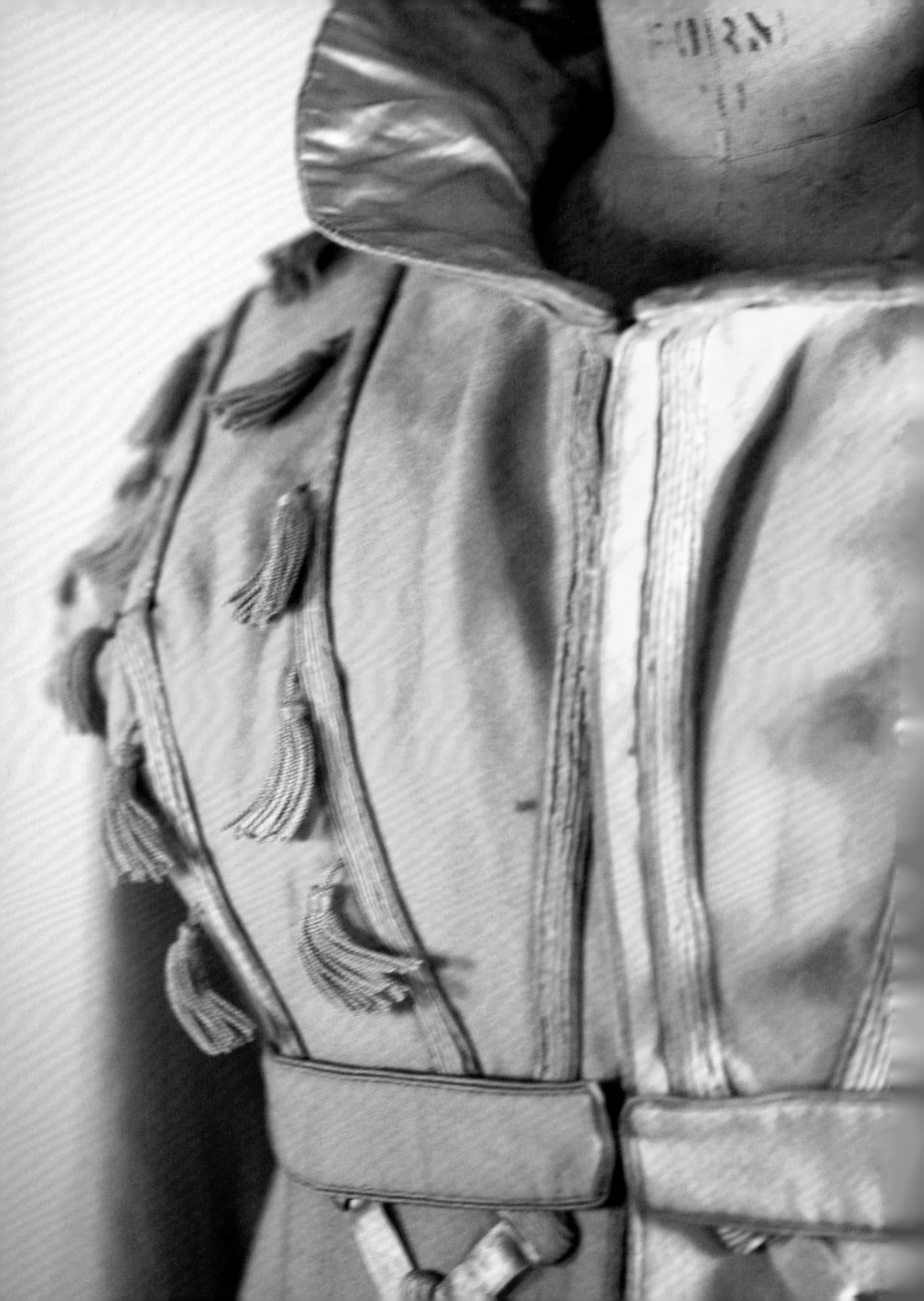

6

第六章　案例研究：黄色羊毛女式长外衣

Case Study of a Yellow Woolen Pelisse

图 6.1（对页）

女式长外衣，右侧肩部和衣领，装饰滚边和流苏
摄影：英格丽·米达

许多服装早已脱离其出处，失去了可能将它们置于特定穿着者和所有者背景下的个人历史。然而，衣服是所有社会历史物品中最亲密、最引人注目的一种，因为它们与身体有着密切的联系，仔细研究服装的详情细节往往可以揭示出它们的最初用途，以及它们连续的“生活”。这就是文化人类学家伊戈尔·科皮托夫所描述的“物品传记”（biography of the object），记录了物品随着时间的改变而不断变化的价值（1986:90）。同样，服装历史学家琳达·鲍姆加藤强调了“倾听服装”的价值：以一种敏感而细致的研究实践态度去更好地了解服装的历史和背景（2002:208-215）。

本章中的案例研究查验了一件黄色羊毛女式长外衣（图 6.1），它是 19 世纪早期一种常见的女性外衣，类似于外套。这件服装以其优雅的配色、优美的线条和引人注目的装饰元素而极具特色，特殊廓形表明它大

图 6.2

穿在人台上的女式长外衣前视图
摄影：英格丽 · 米达

约出自 1820 年，当时的裙身设计开始呈喇叭形线条，但腰部位置仍然很高。虽然在衣身上出现一些磨损和损坏的地方，但它的结构完好，可以安心地对其进行检查。这件女式长外衣属于英国私人收藏中的一件，虽然没有出处记录，也没有最初穿着者的相关使用细节记录，但为研究构想提供了一个机会，可以按照科皮托夫的“物品传记”理论描绘出穿着它的女性类型。

图 6.3

上衣背面
摄影：英格丽・米达

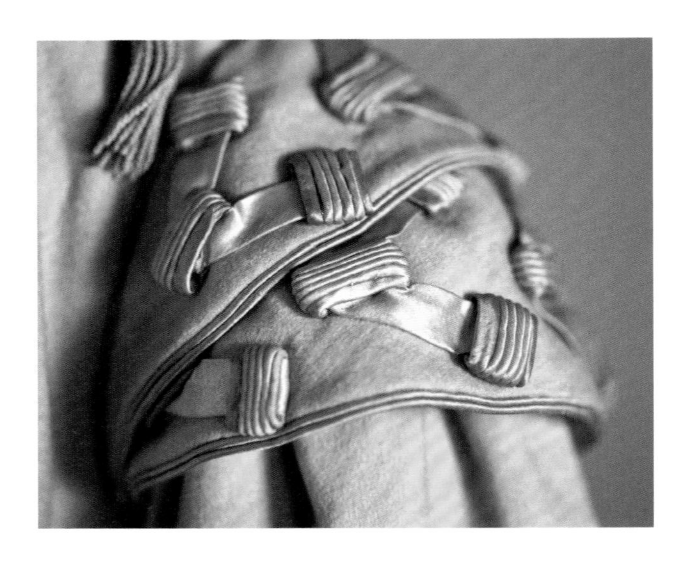

图 6.4

肩部装饰细节
摄影：英格丽・米达

细致观察

服装结构

案例研究中的女式长外衣是由黄色精纺羊毛面料制成的，装饰有真丝饰带及滚边(图 6.2)。这件长外衣是高腰(腰围是 29 英寸或 73.7 厘米)，前中开襟式设计，上身前胸位置设计有胸省道以增加胸部的丰满度。上身背面被裁成三个部分，中间部分如同独特的钻石截面形状（图 6.3）。

外衣的袖子较长（28 ½ 英寸或 72.4 厘米长），落肩式的肩线被设计在上衣的后部，袖窿接缝处有轻微褶皱，隐藏于双层肩部装饰片中（图 6.4）。袖子是一片式裁剪，其接缝位于手臂内侧。上身设计有一个小圆领，高腰处饰有一条长 29 ⅝ 英寸（75.3 厘米）用同款面料制成的腰带。

长外衣的下部裙身呈略微绽开的喇叭形，由五块裁片制成，后部饰有筒形褶皱聚拢于后腰缝中。在裙身后面的每条接缝上都设计有一个开缝插袋，开缝的边缘用淡黄色真丝缝合收尾（图 6.5），但右侧的插袋已经被精心地缝合起来。

上身和袖子内衬有淡紫色的真丝里布，衣领的翻面和裙身前片的里

图 6.5

开缝插袋细节
摄影：英格丽 · 米达

衬也是用同款真丝制成的（图 6.6）。衣服内的腰部接缝处盖有一条淡粉色真丝制成的饰带以固定后腰部的褶皱，上面还盖有一条淡粉色的真丝缎带（45 英寸或 114.3 厘米）（图 6.7）。

长外衣上引人注目的装饰图案由真丝滚边制成的不同排列组合而成，外衣的主要边缘饰有平行排列的两条滚边。V 形装饰图案是用滚边和淡黄色缎带组合而成，并沿着外衣前开襟从上排列延伸至下摆一周，肩部也装饰有该图案（图 6.4 和图 6.8）。

图 6.6

放置于查验台上的长外衣裙身前片内衬展示
摄影：英格丽 · 米达

图 6.7

长外衣内的腰部细节展示，筒形褶皱，真丝饰带和缎带
摄影：英格丽・米达

图 6.8

外衣前中下摆处的 V 形和星形装饰图案细节
摄影：英格丽・米达

图 6.9

袖口细节
摄影：英格丽 · 米达

上身的前部饰有斜向排列的滚边，滚边上饰有淡紫色真丝制成的流苏。袖口饰有用浅黄色真丝饰带纵向排开成的 V 字形，模仿军服上的装饰穗带，并配有淡紫色真丝流苏（图 6.9）。腰带和衣领的边缘都装饰有颜色相配的滚边。外衣背部的腰带上装饰着两个淡紫色真丝流苏玫瑰花结（图 6.10）。

长外衣的前中门襟上缝有 15 对黄铜色金属钩扣和扣环以开合固定（图 6.11），但腰带上没有固定扣件（图 6.12）。这件长外衣是纯手工精心缝制而成，针脚细小均匀（主要接缝的回缝针迹每英寸 11~12 针，贴面和下摆处的平缝针迹每英寸 16~18 针），显然是由一位技术娴熟的裁

图 6.10

外衣背部腰带上的玫瑰花结装饰细节
摄影：英格丽 · 米达

缝完成的。外衣缝线的颜色也是经过精心挑选以适配面料的颜色，面料是精纺羊毛，因此无需做接缝修边（锁边）处理。

纺织品类

这件女式外衣是用淡黄色的精纺羊毛面料制成的，部分内衬使用的

图 6.11

黄铜色扣环，缝合固定扣环的精致细节
摄影：英格丽 · 米达

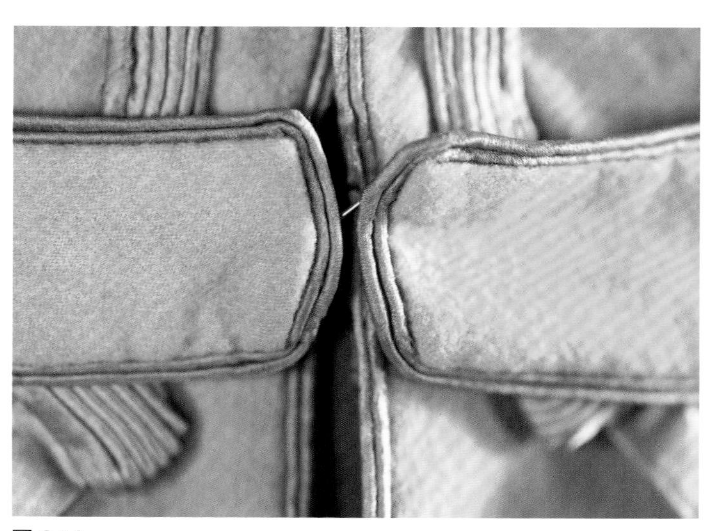

图 6.12

腰带，固定扣件缺失
摄影：英格丽 · 米达

是淡紫色的真丝缎。外衣上面的装饰元素是用淡紫色和淡黄色的平纹真丝制成的。

商标 / 标签

外衣上没有任何标签，正如预期判断的一样，这是一件出自 19 世纪早期的服装。

服装的使用及穿着

作为一件已有近 200 年历史的服装，这件女式长外衣的状况出乎意料地好。通过对从未暴露在光线下的部位（如肩部装饰下的面料）进行查验的结果表明，羊毛和真丝都随着时间的推移而褪色（图 6.13）。裙身内衬的淡紫色真丝缎显示出一些老旧的迹象；淡紫色已经转变成淡

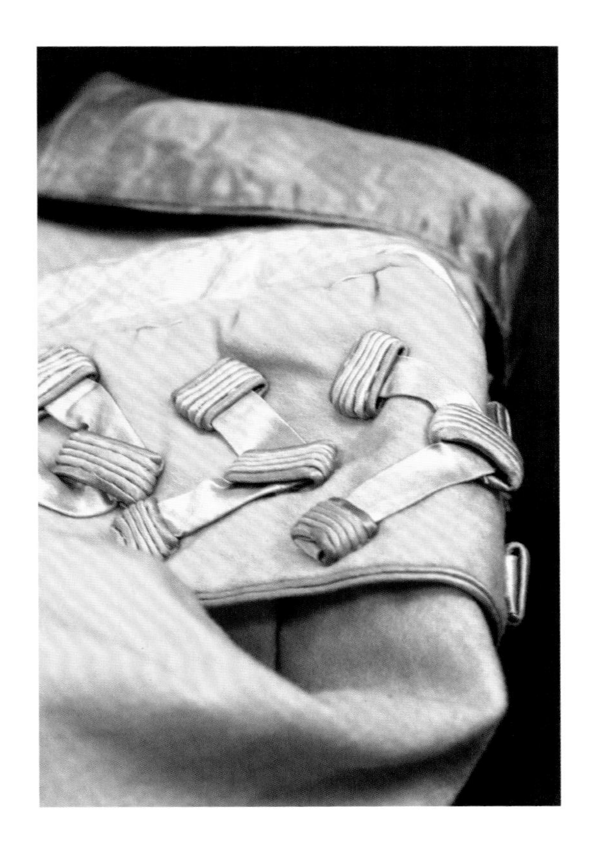

图 6.13

肩部装饰下面从未见光的部分展示了面料原有的颜色
摄影：英格丽 · 米达

粉色，上面还有一些淡灰色的擦痕。

外衣上面有许多磨损的痕迹，包括一些小的污渍和昆虫破坏的迹象（图 6.14），尤其是在外衣的外部。装饰滚边上出现了很多磨损的地方，特别是袖口和前门襟边缘靠近下摆处，露出了真丝滚边内部包裹着的白色棉线。令人惊讶的是，外衣背面的整个中央裙片都明显被弄脏了，但裙片之间的接缝并没有沾染上污渍（图 6.15）。外衣上的修补痕迹鲜少，但在裙身后片内侧有一处缝有黄色真丝的小补丁。

图 6.14

星形装饰图案的位置被蛾子破坏的痕迹细节
摄影：英格丽 · 米达

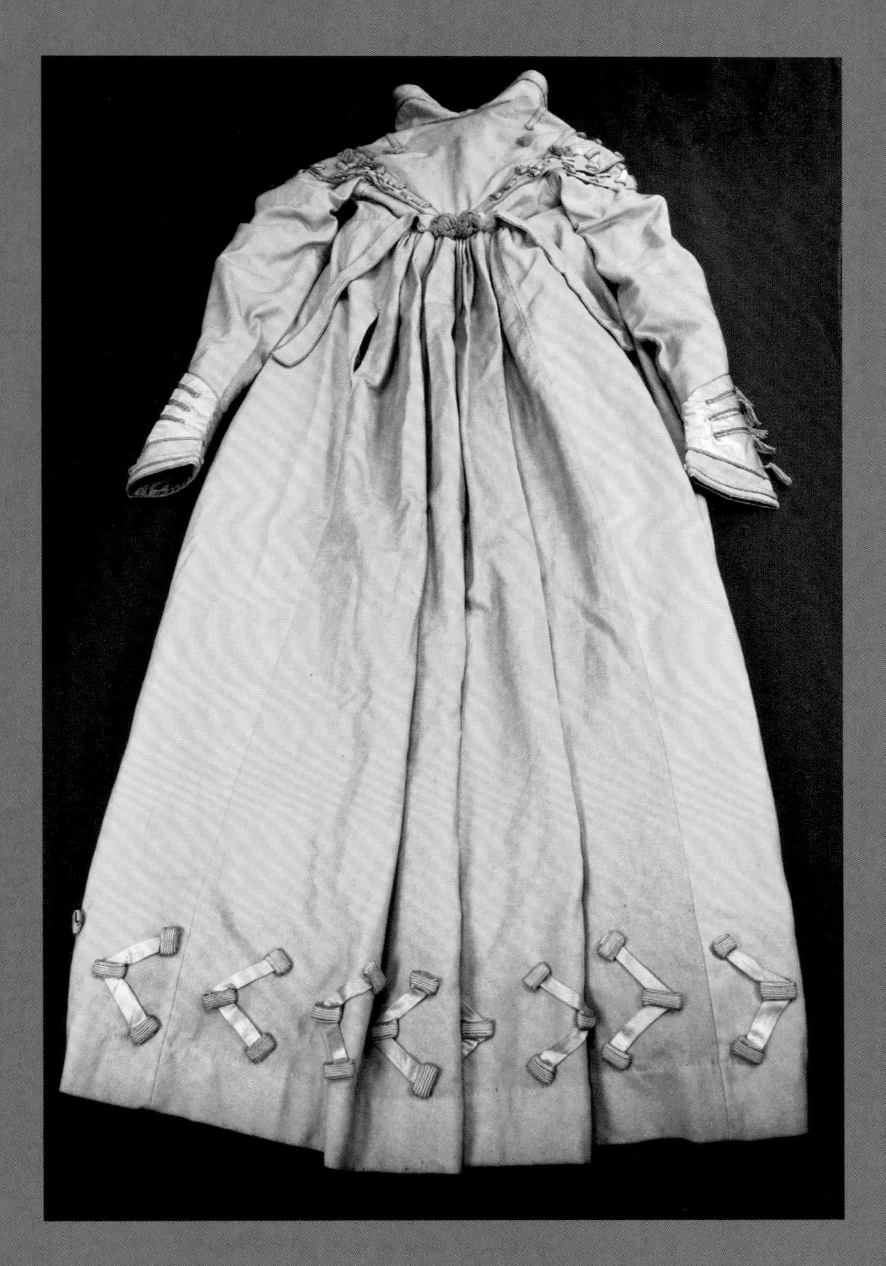

图 6.15

女式长外衣背面展示了后中裙片上的明显污渍
摄影：英格丽 · 米达

审慎思考

这款女式长外衣的整体外观时尚且优雅；这种效果取决于所用的高品质面料和纤细的廓形。这些直观印象也表明这是一件造价高昂的服装。面料的浅淡色彩令服装看起来更加轻盈和精美，表明它可能是婚礼套装或新娘嫁妆中的一件。这件外衣的做工水平极高，针迹细小且均匀，接缝缝合得也很精细。

这件长外衣的修长线条格外引人注意，高腰线、超长的袖子和窄肩的设计增强了纤细的效果(图 6.2)。军服装饰风格增添了外衣的时髦度，细腻的面料色调又令这件外衣别具女性优雅气质。想象一下这件外衣在运动中的场景，上衣和袖口上的流苏在轻轻摆动时突出了穿着者优雅的步伐（图 6.16)。同样，外衣后腰部褶皱的褶量会确保运动中的舒适度。

工业化时代之前的服装因时间和使用的破坏能幸存下来的越来越

图 6.16

流苏装饰细节
摄影：英格丽 · 米达

少，那些能被保存下来的服装都是具有一个时代象征意义的服装，以及那些面料造价极高的服装，需要得到很好的处理和保护。博物馆收藏的女式外衣数量相对较多，包括维多利亚和阿尔伯特博物馆，以及大都会艺术博物馆的服装学院都收藏有很多这类女式长外衣，它们有类似的廓形、颜色和装饰元素。案例研究中的这件女式长外衣上的滚边和军服装饰风格是那一时期女式外套和连衣裙的常见特征，可以找到许多相似的例子。然而，值得注意的是，在博物馆收藏中的大多数幸存下来的女式长外衣基本都是用真丝类面料制成的，而不是这类精纺羊毛面料。

作为 19 世纪初时尚女性衣橱中的一款关键服饰品类，长外衣会经常出现在时装插画中，这些插画展示了可供女性选择的多种装饰风格和颜色组合的款式（图 6.17—图 6.19），其中的许多款式都与这件淡黄色长外衣有极为相似的外形和装饰特征（图 6.17 和图 6.18）。这类长外衣也常被描绘在当时的肖像画中，比如让・奥古斯特・多米尼克・安格尔斯为玛丽・卡文迪什・本汀克夫人（Lady Mary Cavendish Bentinck）和阿彭尼伯爵夫人（Countess Apponyi）所绘的优雅画作。[1]

解释说明

女式长外衣的高品质面料应用、设计复杂的装饰特征，以及被精心地收藏保存，都表明它是一件特别的服装，即使没有详细的出处记录，也可以为穿着者的外在品质和社会地位，以及可能会穿着的场合提供了线索依据。它还可用于研究：

1. 前工业化时代女性时装的生产；
2. 19 世纪初的时尚影响力，以及时尚的传播。

作为一种出现在 19 世纪早期的女性外衣款式，这类长外衣常被穿

图 6.17（左）

时装插画，*Lady' s Magazine*，1823 年 3 月
私人收藏

图 6.18（右上）

时装插画，*Petit Courrier des Dames* 杂志，1821 年
私人收藏

图 6.19（右下）

时装插画，*La Belle Assemblée* 杂志，1810 年 3 月
私人收藏

着在时尚轻盈的细棉纱连衣裙外，这种棉纱连衣裙是新古典主义时期的典型流行款式。长外衣的设计灵感可能源自骠骑兵（轻骑兵）制服的毛皮衬里斗篷。事实上，在女式长外衣的设计中会经常用到保暖奢华的面料，如毛皮，在小说《名利场》（*Vanity Fair*）中，贝基·夏普（Becky Sharp）就将一件貂皮衬里斗篷改制成了自己的外衣（Thackeray, 1967:285）。正如当时女性杂志上的时装插画所示，女式长外衣的款式取决于时尚潮流的变化，外衣的下摆可能会是从膝盖至地面的任意长度。早期的女式长外衣通常是没有裁出腰线的，大约在 1820 年前后才被设计成高腰款式，背部多为钻石截面式裁剪。

直到 19 世纪 20 年代，女式长外衣成为一种连衣裙式外套（coat-dress），里面不再搭配其他内穿的连衣裙（Arnold，1972:54f）。

对这件黄色女式长外衣的查验是如何帮助我们了解当时的时尚和穿着者的？在琳达·鲍姆加藤所著的《衣服揭露了什么：美国殖民和联邦时期的服装语言》（*What Clothes Reveal*：*The Language of Clothing in Colonial and Federal America*）一书中，她主张对服装进行仔细分析以了解最初的穿着者；这种实践方法可以帮助消除人们对过去的错误认知（2002:52-75）。一个普遍存在的观点认为过去的人会比现代人小很多，特别是在身高方面。这件女式长外衣的长度打破了这一荒诞的说法，针对这件外衣的查验工作不仅有助于反驳这个错误观点，而且还有助于依据科皮托夫的物品传记理论创建关于外衣的传记故事。从外衣领围后中至下摆的测量长度为 54 ½ 英寸（138.4 厘米），表明穿着者可能是一名身高约 5 英尺 9 英寸(175.3 厘米)的女性，下摆一直到脚踝位置。外衣的肩部相对较窄，上衣后背中间的钻石形裁片宽度为 10 ½ 英寸(26.7 厘米)。针对同时期的其他相似款式的相应部分进行比较测量，与这件外衣的尺寸大致相符。[2] 这件女式长外衣的所有测量数据都显现出一位身材修长的女性形象，她的身高在今天看来并不奇怪。希拉里·戴维森（Hilary Davidson，2015）曾针对简·奥斯汀（Jane Austen）的一件长外衣进行了研究和重建，同样表明那件长外衣的穿着者是一位身材高挑修长的女性。

其他证据表明穿着者是如何在服装上标注个性化信息的。例如，在这件女式长外衣的背部有两个开缝插袋，但右侧的插袋用了不同颜色的线将其缝合，这表明穿着者是左撇子，才决定封上她不太可能会使用到的插袋。

同样，从这件外衣面料的磨损程度来看，也为服装的大概用途提供了推断线索，从而填补了后续的历史“传记”。这件长外衣的表面大致是干净的，几乎没有印记或污渍，但浅色的羊毛面料表面已经很明显地变脏了，对比肩部装饰下面未暴露过的面料就可以清楚地说明这一点(图 6.13)。此外，长外衣的后裙片很明显被弄脏了，对比其他部分严重得多，而且这种污渍沿着缝线出现(图 6.15)。这种污渍的形成令人惊讶，表明形成特定长度污渍的面料纤维存在一些不同之处，导致在面料缝合时出现不同长度的污渍。

对于这类浅黄色的羊毛面料来说，其色彩退化变淡的程度已经很令人出乎意料了，这一事实表明，这件长外衣可能没有多少用途。一种可能性的解释是，这件女式长外衣是嫁妆的一部分，曾在婚后的第一年被穿过。这种浅色系更适合年轻女性，她在婚后不久便怀孕了，这就是长外衣很快被搁置在一边的原因。

也有可能是因为长外衣背面不寻常且非常明显的污渍导致穿着者将它放置在一旁。考虑婚姻的关系也有助于解释为什么如此昂贵的服装在相对较少的使用周期后被保护并留存下来，而不是被重新改制成不同用途的服装，服装改制在当时是很常见的做法（Baumgarten，2002:182-99）。

这件外衣上细小且精致的手缝线迹（图 6.7 和图 6.11），表明了在缝纫机出现之前的服装生产工艺与今天的大规模量产服装的截然不同。在 18 世纪之前，通常是男性裁缝为女性制作大部分主要的服装，但到了 19 世纪初，这一角色牢牢掌握在女裁缝（mantua maker，通常是为女性裁制外衣的女性）或称为女装裁缝（dressmaker）的手中（Arnold，1972:9）。首先面料是从纺织品织造商或面料商店购得，然后再将其送到裁缝那里制成服装。虽然手工劳动力成本在总成本中占比很小，但就面料本身相对较高的价格成本而言有助于解释说明为什么会有那么多服装被重新改制。[3]

在当时女性杂志上所刊登的时装插画中就能找到与这件黄色女式长外衣相似的款式。作为一款潮流服饰，女式长外衣是一种常会出现在 19 世纪 10 和 20 年代的服装。1820 年前后，许多女式长外衣插画中就展示了与本案例研究中的衣服相似的款式特征。1821 年版的 *Petit Courrier des Dames* 杂志（图 6.18）中展示了一件蓝色真丝长外衣，其装饰元素看起来与这件黄色长外衣相似，包括肩部突出的装饰，还有遍布于前胸、正面由上至下及下摆一周的滚边装饰。此外，这类时装插画还可以为读者提供关于女式长外衣是如何被用于时尚穿搭的宝贵信息资料。例如，在 *Petit Courrier des Dames* 杂志的时装插画中的女性穿着蓝色长外衣（图 6.18），衣领向上翻起，就像案例研究中的黄色女式长外衣一样，可以看到下面的装饰滚边。外衣袖子的袖口低垂至插画中人物的手部，其下摆长至脚踝。

时装插画中的长外衣还强调了另一种元素，就是当时流行的军装装饰风格，其风格影响了 18 世纪女性服饰的款式，特别是骑兵制服风格（Blackman，2001:47558），同时还从拿破仑战争时期华丽时髦的军装装饰风格中汲取灵感。1810 年 3 月出版的 *La Belle Assemblée*(图 6.19）杂志中所示的插画是一款在伦敦海德公园散步时所穿着的严肃而优雅的黑色羊毛长外衣，饰有金色编织饰带，搭配一顶拿破仑风格双角帽，很明显地带有军装风格。这种装饰细节参考了军装上的镶边和编织饰带装饰，特别是冲锋陷阵的骑兵团军装风格，在整个 19 世纪 10 和 20 年代都非常流行（Johnston，2005:20）。这件黄色女式长外衣的袖口上饰有 V 字形真丝饰带和流苏，胸部的滚边及前开襟和下摆一周的 V 字形图案显然是呼应了军装上的编织饰带装饰细节（图 6.9）。

值得注意的是，这件黄色女式长外衣选用了精纺羊毛制成，而几乎所有被留存下来的女式长外衣都是用真丝类面料制成的。[4] 在温带和英国的寒冷气候下，可以套在精纺棉纱连衣裙外穿着的羊毛长外衣肯定是一个很实际的选择，那么为什么被保留下来的同品类外衣却很少呢？记录这件黄色女式长外衣传记的最后一个难点是关于这件外衣本身出现的问题就说明了这种情况会出现的原因，因为这件外衣上有被昆虫损害的迹象（图 6.14）。作为生产布料的主要动物纤维之一，羊毛特别容易受到昆虫的破坏，许多 19 世纪的羊毛服装都受到了昆虫的破坏——尤其是飞蛾的破坏（Sandwithand Stainton，1991:267）。

也许永远都不可能搞清楚到底是谁穿了这件长外衣，以及为什么它会被精心地保存至今。记录这件外衣的传记需要花费大量的时间去仔细“倾听”它的故事，可以创造出一幅关于这件外衣的保存历史及穿着者的珍贵画面。这件制作精细的羊毛长外衣，展现的是 19 世纪早期美丽且非凡的时尚款式，以及一位时尚女性对它的喜爱，这可能是它被保存下来的理由。

注释

1. 玛丽·卡文迪什·本汀克夫人，1815 年，铅笔素描（RP-T-1953-209，荷兰国立博物馆，阿姆斯特丹），以及特蕾莎·诺加劳拉，阿彭尼伯爵夫人，1823 年，铅笔素描（1943.848，福格艺术博物馆，哈佛大学）；*Ingres in Fashion* 书中插图，书作者：A. Ribeiro（1999 年），耶鲁大学出版社，纽黑文，插图版 41、48 页。

2. 19 世纪早期女性外衣范例，出自南希·布拉德菲尔德（Nancy Bradfield）所著的 *Costume in Detail 1730–1930* 一书中的插图，上衣背面有尺寸相似的钻石形裁片：97f，99f，107f。

3. 参考希拉里·戴维森2015年的论文，“The Fashion and Strength of Jane Austen’s Pelisse, 1812-14”, Costume, 49 (2).

4. 参见维多利亚和阿尔伯特博物馆及大都会艺术博物馆服装学院的馆藏。虽然在当代时尚杂志中最常被提到的女式长外衣，是用一种厚重的真丝面料（Gros de Naples）制成，但也出现过应用“精纺面料”和其他羊毛面料制成的长外衣（*Lady’s Magazine*，1823年2月：126）。

参考文献

Arnold, J. (1972), *Patterns of Fashion: Englishwomen's Dresses and their Construction 1660-1860*. London: Macmillan.

Baumgarten, L. (2002), *What Clothes Reveal: The Language of Clothing in Colonial and Federal America*, New Haven: Yale University Press.

Blackman, C. (2001), "Walking Amazons: The Development of the Riding Habit in England," *Costume*, 35: 47-58.

Bradfield, N. (1997), *Costume in Detail 1730-1930*, Orpington: Eric Dobby.

Davidson, H. (2015), "The Fashion and Strength of Jane Austen's Pelisse, 1812-14," *Costume*, 49 (2).

Johnston, L. (2005), *Nineteenth Century Costume in Detail*, London: V&A Publications.

Kopytoff, I. (1986), "The Cultural Biography of Things: Commoditization as Process," in Arjun Appadurai (ed.), *The Social Life of Things: Commodities in Cultural Perspective*, New York: Cambridge University Press: 64-91.

Pelisse, entry in *Oxford English Dictionary*.

Sandwith, H. and Stainton, S. (eds.) (1991), *The National Trust Manual of Housekeeping*, London: Viking.

Thackeray, W. M. (1967, first published 1847-48), *Vanity Fair*, London: The Zodiac Press.

The Lady's Magazine (1823), Monthly Calendar of Fashions, London: S. Robinson, February 1823: 126.

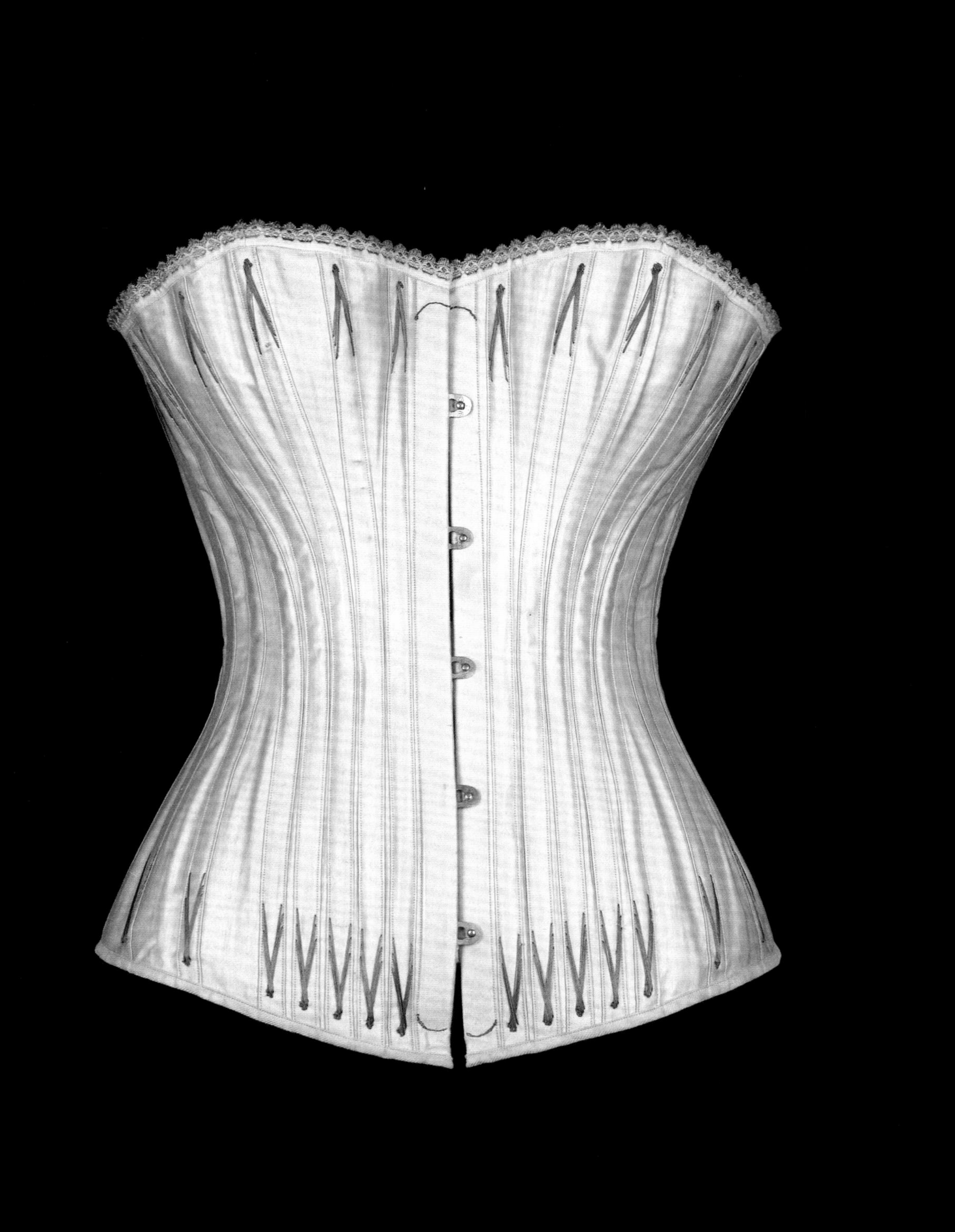

7 第七章 案例研究：灰蓝色棉缎束身衣

Case Study of a Gray-blue Sateen Corset

图 7.1（对页）

束身衣，约 1885 年。棉布，金属，鱼骨
皇家伍斯特束身衣公司（Royal Worcester Corset Company，美国 1864—1950），大都会艺术博物馆
布鲁克林博物馆服饰收藏，由 E.A. 梅斯特（E. A. Meister）于 1950 年赠给布鲁克林博物馆，之后由该博物馆赠出，2009 年 (2009.300.6643)

束身衣被认为是历史上最具有争议的服装之一。瓦莱丽·斯蒂尔在这一主题上的开创性研究工作极大地挑战了传统的、往往具有误导性的关于束身衣的假设性观点，即束身衣被视作一种造成压迫性伤害的，被专制的时尚独裁者强加给女性的服装，或者被视为盲目拜物的色情服装（2003:88-90)。斯蒂尔还强调了束身衣对19世纪女性和男性的复杂诱惑力，并认识到了束身衣所具备的持续性魅力和影响力。

本案例研究的是一件私人收藏的19世纪90年代末，款式朴素的灰蓝色束身衣（图7.2)。它的内部骨架结构很重，胸部和臀部附有加固衬料，在前中和后中设计有扣合固定，这些都是19世纪90年代典型的束身设计元素。这件作为案例研究的束身衣内部印有品牌名称，表明这是一件出自加拿大一家束身衣公司的产品，与一家美国公司的产品极为相似（图7.1)。在研究这件19世纪的内穿式束身衣时，眼前会浮现出一

图 7.2（上）

束身衣案例研究，
平铺外观
摄影：英格丽 · 米达

图 7.3（下）

束身衣案例研究，
前中是金属搭扣固
定开合，后中系带
摄影：英格丽 · 米达

图 7.4

金属底座式搭扣的扣环和扣钉细节
摄影：英格丽 · 米达

幅更真实且平淡的画面，表明在第一次世界大战之前，束身衣作为女性衣橱的重要组成部分，其普遍性变得显而易见。

细致观察

服装结构

这件淡灰蓝色束身衣分为左右两片，前中是金属底座式（钢骨）搭扣（Corset Busk：又称钢质排扣，常用于束身衣上的固定扣件，分左右条形底座，右侧底座上排列扣环，左侧底座则排列扣钉，底座藏于面料内，仅露出扣环和扣钉）固定其开合，在它的上边缘嵌有英式镂空刺绣风格的花边。束身衣在髋部位置相对较短，前中下腹部呈弧线形，后中长度至上臀围线的位置。（前中开合长度为 15 英寸或 38 厘米。）束身衣侧片呈曲线形可以很好地包裹腰身至臀部的身形（图 7.3）。同样前胸的裁剪也是呈曲线形以紧贴托起胸部。束身衣内用两种不同宽度的支撑骨将其撑起，宽骨是钢质的（⅝ 英寸或 1.6 厘米），窄骨（¼ 英寸或 0.6 厘米）可能是用植物质硬衬制成的。宽的钢质支撑骨被固定在束身衣的侧片和后片上，窄的支撑骨则是以三条为一组的固定排列。

束身衣前中是垂直裁片（1 ⅜ 英寸或 3.5 厘米宽）长度至下腹部边缘呈弧线形，上面排列有 6 对金属扣环和扣钉以固定其开合（图 7.4）。后中则排列有 15 对用于穿绳系带的金属扣眼；束身衣的原始系带已经不存在了。束身衣的边缘应用了相同的面料进行包边处理，其外部接近边缘的位置饰有深灰色交叉装饰线迹，在上边缘还嵌有窄的白色英式镂空刺绣风格的机绣装饰花边（图 7.5）。

束身衣的系带设计使穿着尺寸具有很大的调节空间，大多数女性可能会在穿着束身衣时，在背部系带处留几英寸的开口，但通常情况是应该完全系合上的。当这件束身衣被完全束紧时，腰围为 19 ¼ 英寸（48.9

图 7.5

胸部罩杯细节，展示了边缘处的交叉装饰线迹（flossing: 指时装中常用的交叉或缠绕式的装饰设计）
摄影：英格丽 · 米达

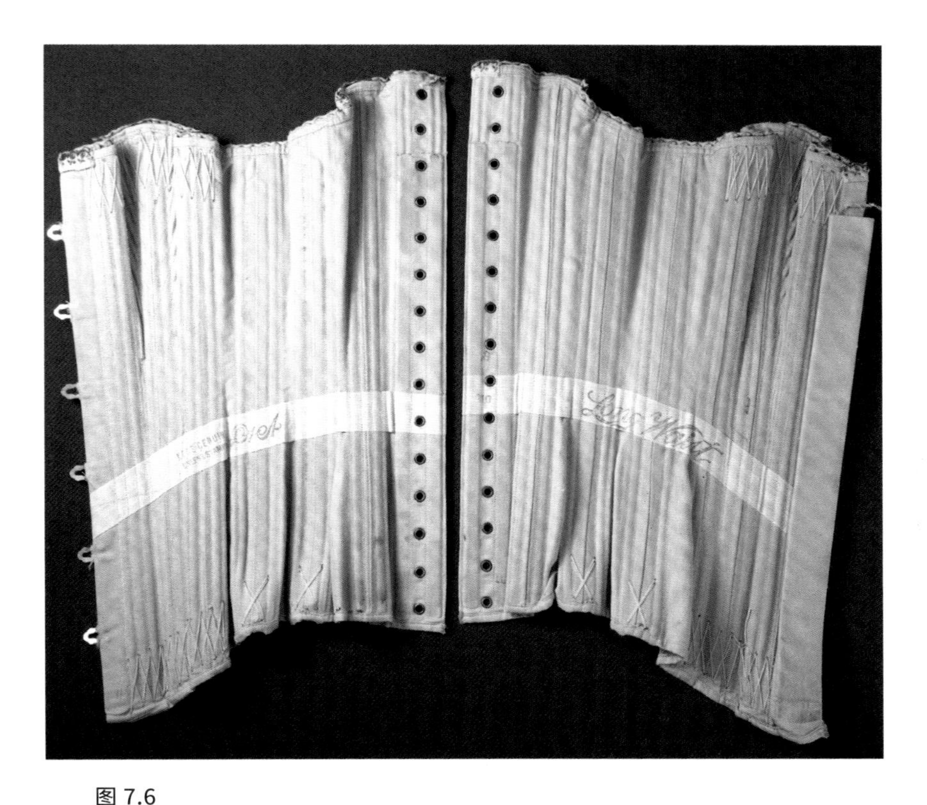

图 7.6

束身衣内部平铺细节，展示了内部奶油色的交叉线迹
摄影：英格丽 · 米达

厘米），胸围为 28 ½ 英寸（72.4 厘米）。

束身衣上的所有主要元素，包括接缝和放置支撑骨的暗槽，都是用机器缝合的，所以很难判断出上面的交叉装饰线迹（内部的奶油色交叉线）是用手还是用机器缝制的（图 7.6）。

纺织品类

束身衣是用灰蓝色棉缎制成的，衬里则是反面朝上的棉缎。上边缘嵌缝的装饰花边也是棉质的。随着时间的推移，面料的鲜艳色调可能已经褪色变暗。

商标 / 标签

棉带上印有已经变淡的“NONE GENUINE UNLESS STAMPED D&A”（D&A 盖章正品）和“Long Waist ”（低腰）字样（图 7.7 和图 7.8）。束身衣前中的金属搭扣的扣环上也刻有首字母“D&A”（图 7.9）。

服装的使用及穿着

束身衣右侧臀围位置有两个黄铜色书钉状印记，可能在那个位置曾固定有一张纸质标签，随着时间的推移，这张标签可能已经破损消失了，表明这是一件从未被穿着过的服装。事实也证明了这一点，因为在束身衣上没有出现明显的使用磨损迹象。有些装饰线迹已经开始变质，束身衣上布满了因金属支撑骨受潮导致的铁锈污渍（图 7.10）。覆盖搭扣的面料在扣环和扣钉的位置已经出现了破损毛边的情况，露出的内部

图 7.7

棉带上印制的 D&A 字样
摄影：英格丽 · 米达

图 7.8（上）

“Long Waist”（低腰）印刷字样
摄影：英格丽 · 米达

图 7.9（下）

固定扣环上刻制的首字母
摄影：英格丽 · 米达

灰色的金属搭扣底座清晰可见。

审慎思考

束身衣的僵硬特性，特别是嵌入缝制在它前中内部较宽的、坚硬的金属搭扣底座，会不可避免地让当代人联想到束缚和控制，然而我们认知中的衣服应该是舒适且富有弹性的。总的来说，这件束身衣兼具女性气质和实用性，其细腻的色调、对比鲜明的交叉线迹和窄条花边装饰都赋予它一丝温柔的气息，还有使用的棉质面料和相对朴素的样貌风格都

图 7.10

金属支撑骨导致的锈迹
摄影：英格丽 · 米达

给人一种更实用的感觉，是一种朴实的美，而不是性感的奢华。

这件束身衣出自私人收藏，该收藏中还有其他多件束身衣都是由同一家加拿大公司生产的。虽然现存为数不多的束身衣被完整地保留了下来，因其往往会被穿着使用得很破旧，但在大多数博物馆的藏品中都会存有品质高端的束身衣和批量生产的样例。通常，批量生产的束身衣多是未售出的库存（Lynn，2010:90），博物馆还会收藏一些与特定束身衣制作公司有关的代表性款式及所用的辅助材料，其中包括英国莱斯特艺术博物馆的 Symington 束身衣系列收藏（Symington 系列是由 Market Harborough company R. & W. H. Symington 创作生产，该公司于 19 世纪 50 年代开始为维多利亚时代的时尚女性制作束身衣。该公司最终在国际上取得了成功，最著名的产品之一 Liberty Bodice 生产了近七十年），以及纽约大都会艺术博物馆收藏的皇家伍斯特束身衣公司的束身衣系列（图 7.1）。

在 19 世纪的一系列艺术作品中，束身衣被赋予了丰富且诱人的象征意味，从穿着服装的女性绘画到情色版画印刷品（图 7.11），以及在巴尔扎克的《贝蒂表妹》（*Cousin Bette*）和左拉的《娜娜》（*Nana*）等小说中它是一件充斥着感官欲望的服装。还有在 19 世纪末的女性杂志和报纸广告中，以及现存的商业卡、小册子和束身衣的外包装上，有大量款式平平的束身衣插画（Steele，1999:459-472）。

解释说明

这件样貌普通、设计朴素的束身衣是 19 世纪末批量生产且销售达数百万件的典型款式，强调了束身衣在第一次世界大战之前作为女性衣橱中必要存在的普遍性。还可以通过对它的查验研究：

1. 束身衣生产工艺的技术变革；

2. 19 世纪末批量生产服装的广告宣传活动；

3. 束身衣对现代时尚的持续影响力。

19 世纪，现实生活中的束身衣往往被耸人听闻的文学所掩盖，这些文学作品倾向于描述束身衣对身体的极端控制及塑造。瓦莱丽·斯蒂尔认为如果将束身衣单纯视为一种压制性的服装，则否认了女性穿着束身衣的权利及意义，也未能正确理解为什么长期以来它会深受各阶层女性喜爱，成为她们向往的时髦服装（Steele，1999:463，2003:1）。斯蒂尔在研究中引用了医学和相关的背景资料，表明捆绑式的压迫感常会与束身衣的形象联系在一起，这是从夸张离谱的视角去看待 19 世纪束身衣所发挥的作用。

斯蒂尔提出的一个关键论点是，束身衣是为所有阶层女性的穿着所需而生产的，这在本案例研究中就得到了充分的论证。事实上，她强调了一个事实，即对许多女性来说，当然在英国也是如此，不穿束身衣的想法会与道德堕落联系在一起。因此，依照严格的维多利亚时期的礼仪规范来说，束身衣是一件必备服装，它不仅是时尚潮流服饰，还可以确保女性穿着得体（Steele，2003:21-27）。斯蒂尔还反驳了 20 世纪初经济学家托斯丹·范伯伦的观点，后者认为束身衣是属于富有且无需劳作女性的专有服饰，因为它们阻碍了女性的活动能力（Steele，2003:49）。例如，在 19 世纪末，位于英国马基特哈伯勒市（Market Harborough）的 Symington 束身衣公司生产了款式名为“Pretty Housemaid”的束身衣，顾名思义，该束身衣是专门面向工人阶层女性市场的，并声称它是“有史以来最结实、最便宜的束身衣”（Symington Fashion Collection，来源于网络）。束身衣的价格范围进一步支持了大多数女性都穿束身衣的理论。资料数据表明在 1861 年的巴黎共售出 120 万件束身衣，其中最昂贵的真丝束身衣标价为 25~60 法郎，最便宜的约为 3 法郎（Steele，2003:44）。此外，在 19 世纪下半叶，大多数

图 7.11

亨利 · 德 · 图卢兹 - 劳特雷克（Henri de Toulouse-Lautree，1864—1901），
出版商：古斯塔夫 · 佩莱 [Gustave Pellet，法国艺术出版商，以出版亨利 · 德 · 图卢兹 - 劳特雷克和路易斯 · 勒格兰德（Louis Legrand）的情色版画作品而闻名]，法国。
出自图卢兹 - 劳特雷克的 Elles 系列之 Fastening a Corset - A Passing Conquest，1896 年，应用蜡笔、刷子和飞溅的油墨绘成的石版画，再用刮刀将这块石版画用五种颜色印制于布纹纸（wove paper）上
纸张大小：20 11⁄16 英寸 x 15 15⁄16 英寸 (52.5 厘米 x 40.5 厘米)
阿尔弗雷德 · 斯蒂格利茨（Alfred Stieglitz）藏品系列，1949 年（49.55.58）
图片版权归纽约大都会艺术博物馆所有
图片来源：Art Resource，纽约

的束身衣款式采用的是吉恩 - 朱利安 · 乔塞林（Jean-Julien Josselin）的前中开合式搭扣设计（split busk，无需解开后中系带即可脱下束身衣），此设计于 1829 年获得专利；之后开合式搭扣又采用了扣环与扣钉式的固定方式，由约瑟夫 · 库珀（Joseph Cooper）设计，并于 1848 年获得专利（Lynn，2010:86）。这两项设计的发展应用使女性在无需他人帮助的情况下可以很容易地穿上束身衣，从而使其对工人阶层的女性更具实用性。

从商业文献，包括报纸、杂志和商店目录上的广告中可以得出论证，直到 19 世纪末，仍有大批量生产的束身衣在低端市场上出售。这类量产型束身衣上都标有"D&A"字样，显然代表的是专属品类。1900 年 6 月 12 日的《渥太华新闻报》（*The Ottawa Evening Journal*）上的一则广告（图 7.12）特别提到 D&A 束身衣"具有绝对坚不可摧的柔韧且舒适的臀部结构"，价格分别为 1.25 加元和 1.50 加元。1900 年，Dominion 束身衣公司宣称其位于魁北克多切斯特街 45 号的工厂是"加拿大最大的束身衣工厂"（Globe，1900:8）。

如案例研究中的这类束身衣采用的是价格较低的材料，如金属支撑骨、朴素的棉缎和机绣装饰，这使得它们的生产成本更低。到 1911 年，该公司每天生产 5400 件束身衣，即每分钟生产 9 件（Du Bergerand Mathieu，1993:39）。Dominion 束身衣公司的销售业务远远超出了加拿大境内，并从大规模的经济运营中获益。[1] 在新西兰的销售广告中可以看出当时在大英帝国的许多地方都可以购买到该公司出品的束身衣（Marlborough Express，1918:7）。

对这款束身衣的材料和生产方法的研究表明，实现其大规模的生产（注意这里讨论的是束身衣，不是紧身胸衣，是两种不同的款式名称且不同的制作工艺）受益于 19 世纪技术的进步。19 世纪 20 年代引用的圆孔金属扣眼（eyelet，又称金属气眼，系带绑紧时降低系带圆孔被撕裂的风险），以及 19 世纪 40 年代开合式搭扣及扣环和扣钉的设计应用，都是早期出现的技术变革，使束身衣的开合固定更牢固且易于穿脱（图7.4）。

19 世纪中期，缝纫机的广泛应用彻底改变了服装的生产：束身衣的生产工艺得到了极大的简化，也大大缩减了制作所需的时间和成本。1898 年，皇家伍斯特束身衣公司制作了一本小册子，其中介绍了该公司束身衣的生产流程，特别强调了从蒸汽定型到机绣交叉装饰线迹的各步骤工艺进展（Doyle，1997:123-125）。虽然无法判断出本案例研究中的束身衣上的装饰交叉线迹是出自纯手工还是机器绣制（图 7.6），但使用植物纤维硬衬用于撑起束身衣的制作工艺呈增长趋势，便于机器在不断针的情况下完成交叉线迹的绣制（Doyle，1997:126）。同样，金属制支撑骨成为一种廉价的替代品取代了相对昂贵且越来越稀缺的鲸鱼骨，正如这件束身衣中的金属支撑骨所显现的那样，但它们常常会生锈（图

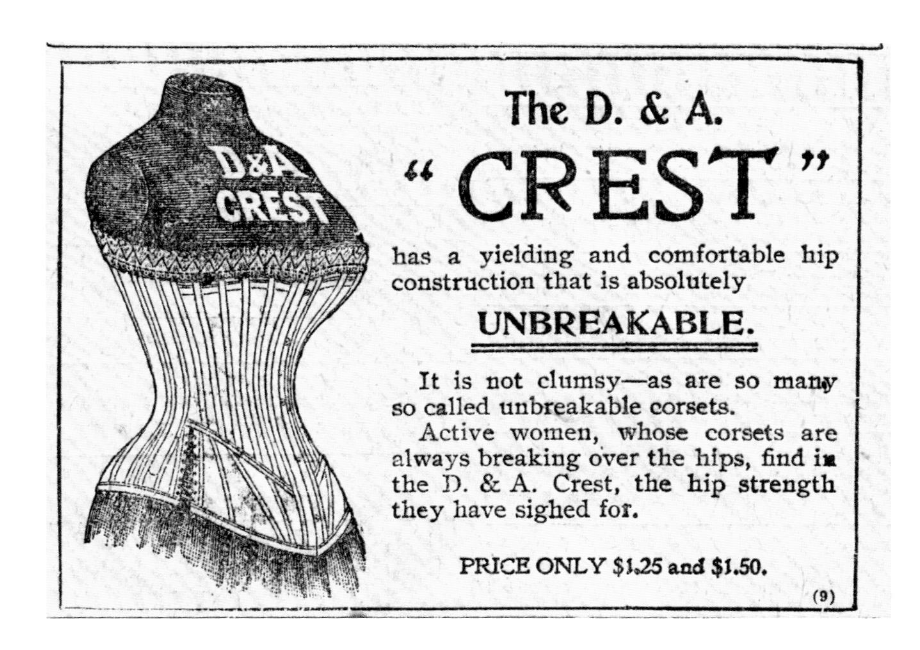

图 7.12

D&A 束身衣广告，《渥太华新闻报》（*The Ottawa Evening Journal*），1900 年 6 月 12 日，p5

7.10)；直到 20 世纪开始引用覆盖有塑料涂层的金属支撑骨，才使之前一直存在的生锈问题得以解决（Doyle，1997:123）。这件束身衣上的机绣装饰花边取代了昂贵的蕾丝花边成为一种漂亮且廉价的替代品。

这件灰蓝色的束身衣不仅在价格和材料的使用方面相对低调，而且还证明了此类束身衣是当时社会各阶层都渴望得到的潮流服装。正如 1900 年的 D&A 广告所强调的那样，该公司的座右铭是“不但价格便宜，且品质绝佳”，显然是指这些成本较低的束身衣是为了给穿着者打造时尚且现代的美好身材而设计的。虽然这件束身衣所用的都是实用性材料，但它仍然符合当时高端束身衣的风格标准，它能塑造窄细的腰部，并顺着腰身曲线延展包裹住臀部，还会收紧腹部以变得平坦，它与同时期的收藏于维多利亚和阿尔伯特博物馆的那件艳粉色丝缎束身衣的款式极为相似（T.738-1974）。此外，束身衣和衬裙等其他形式的内衣一样，在 19 世纪下半叶开始在设计中应用了越来越多的颜色，增加了它的美感，以及感官上的吸引力。19 世纪 80 年代，*La Vie Parisienne* 杂志曾感叹道，这种充满活力的束身衣“非常优雅且超级漂亮。明显是为了引人注目和……关注而设计的！”（引自 Lynn，2010:126）这件浅灰蓝色束身衣是对内衣颜色日益流行趋势的适度回应。研究还表明，由于人们担心束身衣对健康的影响，制造商开始强调其设计对塑造身形的益处。同维多利亚和阿尔伯特博物馆收藏的粉色丝缎束身衣一样，这件束身衣前中内嵌有相似的直条金属底座式搭扣，腹部部分略微弯曲。这些前中直条金属底座式搭扣宣称对人体内脏伤害极小，对胃部还会起到支撑作用。

最后，即使这是一件款式简单的灰蓝色束身衣也暗示了一些推断，如现代时装是如何从 19 世纪的束身衣中获取灵感的，为什么高级定制时装、流行歌星和时尚零售商会重新设计束身衣及更新其用途。束身衣不再是塑造时髦身形的重要基础，也不再是女性压抑的象征，设计师和穿着者们可以自由地创造它的颜色、装饰及用途。

薇薇安·韦斯特伍德（Vivienne Westwood）对这些具有历史意

义的束身衣的迷恋在她的 Harris Tweed 和 Dressing Up 等设计系列中得以耀眼地呈现。同样，让 - 保罗 · 高缇耶（Jean-Paul Gaultier）在麦当娜（Madonna）金发雄心世界巡回演唱会（Blond Ambition Tour）的服装中对束身衣的精准应用，突显了束身衣盔甲般的外壳，暗示着力量和野心，而不是征服和软弱。莎拉 · 伯顿（Sarah Burton）在 McQueen 2013 春夏系列中以束身衣为灵感，思考了束身衣所包含的另一个层面：“该系列是对女性气质的研究。我们研究了情色。巴尔加斯女孩（Vargas girl）、笼子、束身衣和裙撑，以及理想化的女性形态。没有任何内容和具体时期的设定。这是关于性感与肌肤的感官体验，但不是裸露。”（Burton，2012）然而，现代时装不仅直接挪用了束身衣的款式，还借用了 19 世纪束身衣的扣件、收尾处理方式及缝合工艺。这件灰蓝色束身衣的各处细节，从嵌入支撑骨的优美缝合曲线，到背部系带的圆形扣眼（气眼），再到固定支撑骨末端的交叉线迹，都被借鉴应用到了现代的时装设计中。通过对本案例研究中这件束身衣的分析得出的真实想法是，束身衣不仅具有持续性的美学和感官吸引力，而且它还能够塑造出时尚的形体，深受 19 世纪各个阶层女性的喜爱。

注释

1. Dominion 束身衣公司于 1886 年在魁北克开始运营，于 20 世纪 80 年代关闭。

参考文献

Burton, S. (2012), Alexander McQueen Website.

Doyle, R. (1997), *Waisted Efforts: An Illustrated Guide to Corset Making*, Halifax: Sartorial Press.

Du Berger, J. and Mathieu, J. (1993), *Les Ouvrières de Dominion Corset à Québec, 1886–1988,* Sainte-Foy, Québec: Presses de l'Université Laval.

Globe (1900), Advertisement for D&A corsets, April 7, 1900, Toronto: 8.

Lynn, E. (2010), *Underwear: Fashion in Detail,* London: V&A Publications.

Marlborough Express (1918), Advertisement for D&A corsets, September 26, 1918, Marlborough, New Zealand: 7.

Steele, V. (1999), "The Corset: Fashion and Eroticism," in *Fashion Theory,* 3 (4): 449–473.

Steele, V. (2003), *The Corset: A Cultural History,* New Haven: Yale University Press.

Symington Fashion Collection, online resource of the Symington corsetry collection.

8

第八章　案例研究：棕色平绒拼接羊毛制女式紧身短上衣

Case Study of a Brown Velveteen and Wool Bodice

图 8.1（对页）

时装插画，*Latest Paris Fashions* 杂志，
1894 年 8 月
私人收藏

直到现在，学者们主要关注的还是时尚精英们的服饰，或是理想化的乡村大众化的传统民间服饰。因此，工人阶层的服装在博物馆藏品中往往缺少代表性较强的案例；这类服装的较低留存率加剧了这一事实的恶化。然而，保护和研究工人阶层服饰的价值现已受到了重视，这不仅是为了让人们了解到研究文本记录中缺失的那部分代表性较强的案例，更是一种充分了解时尚体系动态模式的重要方式。

本案例研究中，我们研究的是一件属于私人收藏的棕色平绒拼接羊毛制成的女式紧身短上衣。这件短上衣没有准确的日期或出处，但从它的风格来看可能出自 19 世纪 90 年代末，因其明显饱满的袖山，这是定义那个时期时尚服饰的一个标志性特征（图 8.1）。女式紧身短上衣的内部显示了结构的复杂性，没有标签，表明它要么是家庭自制，要么是由裁缝创制。尽管短上衣有一些磨损的地方，但其结构完好，因此可以对其进行安全的查验。仔细观察这件用常规面料制成的时髦服装，可以让我们有机会思考在 19 世纪末 20 世纪初时尚体系的机械化变革，以及解释说明女装裁制的实践和服装生产模式的变化。

图 8.2

女式紧身短上衣前身
摄影：英格丽 · 米达

图 8.3

女式紧身短上衣后身
摄影：英格丽 · 米达

细致观察

服装结构

这件紧贴身型剪裁的女式短上衣的腰围呈略微向下的尖状，长袖且袖山丰满蓬松（图 8.2）。它是前中开襟式设计，前身两侧裁有收紧腰身的胸省道，前后身是用平绒面料裁制，好似松散披挂在身体上的稍有点蓬松效果的短上衣。短上衣腰围为 23½ 英寸（60 厘米），胸围 29 英寸（73.7 厘米）。上衣长度相对较短，至腰部，它的后中长度（背长）为 19 英寸（48.3 厘米）（图 8.3）。在前中的右侧拼缝有同款平绒的锥形裁片以盖住前开襟（如暗门襟式的结构）。在这件女式紧身短上衣上有一个红棕色真丝立领，高 2 ½ 英寸（6.4 厘米）。

棕色羊毛面料制成的袖子（长 19 英寸或 48.3 厘米），有宽大的袖

图 8.4

肩部抽褶细节

摄影：英格丽 · 米达

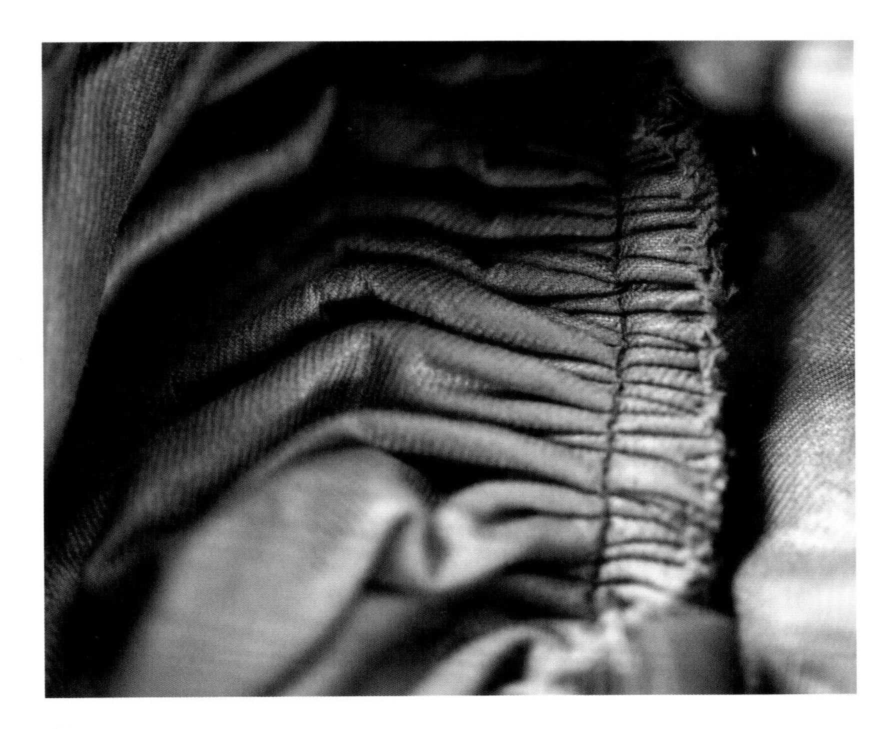

图 8.5

上衣内的肩部抽褶细节
摄影：英格丽 · 米达

山（最宽处为 12 英寸或 30.5 厘米），被紧紧地聚拢抽褶缝于前后身的袖窿处（图 8.4 和图 8.5）。袖子是一片式剪裁接缝于手臂内侧，从距离肩部的最宽处开始收紧贴合于手腕（手腕处的袖口周长为 7 ½ 英寸或 19.1 厘米）。背部袖窿靠近腋下的位置缝有三角形的插片以便于活动。

这件短上衣的内部显示了其结构的复杂性（图 8.6）。上衣的后身裁有六片，前身为左右各两片，在右前中还拼缝有一片锥形裁片以盖住前开襟。短上衣的前后片内衬有棕色棉布，并与外层面料缝合在一起，袖内则衬有灰色棉布。在短上衣内的前后片上还缝有十根包裹着黑色棉布的金属支撑骨（图 8.7）。一条黑色棉质腰带被缝合在上衣内后片的腰部，覆盖在支撑骨之上（图 8.8）。从真丝衣领上的轻微磨损处可以看出衣领内部附有三层加固硬衬（图 8.9）。

图 8.6

上衣内部结构展示
摄影：英格丽 · 米达

图 8.7（对页）

金属支撑骨与接缝细节
摄影：英格丽 · 米达

短上衣的内部露出一个缝在右手边，用来装手表的小口袋（图8.10），还有缝在腋下起保护作用的奶油色粗质棉布制成的保护垫（图8.11）。保护垫内用羊毛或棉填充，上面没有标注名字或记号，表明它们可能是自制的。

图 8.8

上衣内部用于固定腰身的腰带
摄影：英格丽 · 米达

图 8.9

衣领磨损处露出的硬衬细节
摄影：英格丽 · 米达

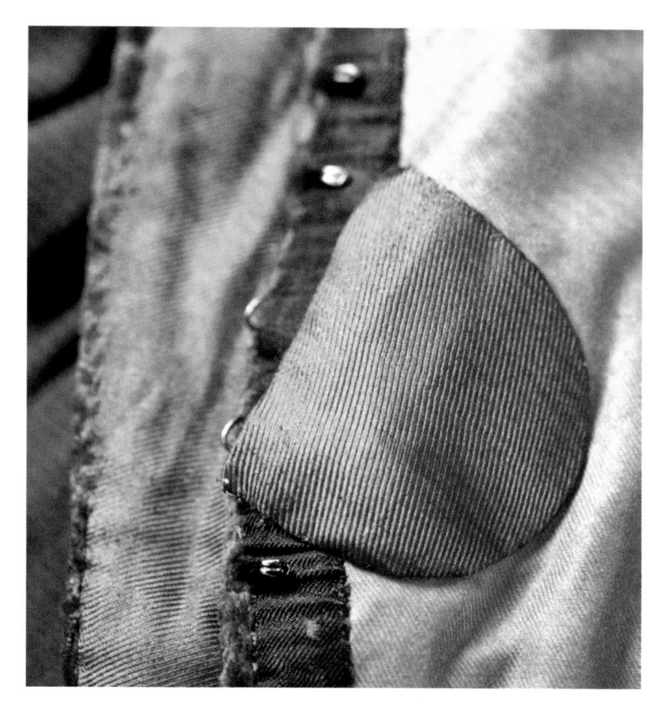

图 8.10

手表口袋细节
摄影：英格丽·米达

图 8.11

短上衣内腋下的保护垫
摄影：英格丽·米达

这件女式短上衣的前中开襟处缝有 19 对黑色金属钩扣和钩环（hook and eye，风纪扣）以固定开合。它们被交替排列，每侧以两个钩扣与两个钩环的组合循环缝制，以防止上衣意外地绷开（图 8.12）。在固定钩扣和钩环的线迹上还手工缝合盖有一条黑色棉质斜纹带，将它们牢牢固定在原位。此外，衣领和领口处也缝有金属钩扣和钩环以固定开合。

这件上衣是机缝结合手工缝制而成。主要接缝是采用机器缝合的，接缝边缘的处理是奶油色棉线手缝锁边（图 8.7）。贴面和包边采用手工缝合。腰带和支撑骨的固定采用的是手缝大针距交叉回针线迹。

图 8.12

前开襟处的钩扣和钩环的排列
摄影：英格丽 · 米达

图 8.13

左侧肩部羊毛与平绒拼缝细节
摄影：英格丽 · 米达

纺织品类

紧身短上衣的前后身是用棕色平绒（一种仿天鹅绒面料）裁制而成，袖子选用的是棕色羊毛面料（图 8.13）。衣领则是用棕色罗纹真丝制成。衬里用了两种颜色的棉布：浅棕色斜纹棉被衬于上衣的前后身；灰色斜纹棉被用于袖子的衬里。罗纹真丝用于上衣内腰部边缘的包边，还被用于制成盖住前开襟的锥形内里贴面。

商标 / 标签

这件女式紧身短上衣上没有任何相关标签。

服装的使用及穿着

这件紧身短上衣的总体状况良好。然而，衣领边缘、领口的真丝包边以及平绒边缘都有明显的磨损迹象。从衣领的磨损处可以清楚地看到内部挺立的硬衬（图 8.9），衣领内侧的面料已被穿着磨损出光泽。衣身上的部分绒毛已经被磨掉，尤其是前开襟和底边上的绒。还有一些部位的绒毛已经被压垮（可能是因存放造成的），并随着时间的推移，呈现出斑驳的外观。袖部羊毛上也出现了一些因虫害造成的不规则小孔洞(图 8.14)。虽然衣领上有一处松散的粉红色线破损，但上面没有因珠宝或缝合留下的针孔。

审慎思考

用面料拼接制成的短上衣呈现出视觉和质地上的明显差异。厚重的羊毛袖子与触感柔软的平绒衣身（图 8.13），以及衣领的真丝光泽，形成鲜明的对比。尽管这件紧身短上衣的款式非常朴素且寡淡——衣身上没有任何装饰却更具视觉吸引力——这是由于不同色调的和谐组合及不同质地的面料拼接所产生的。

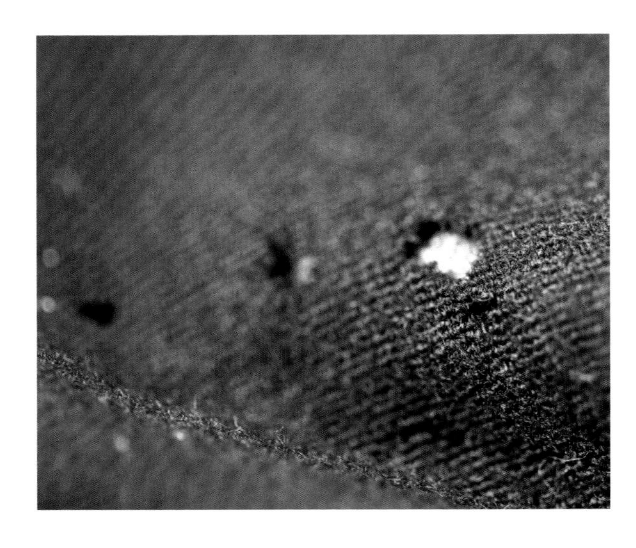

图 8.14

羊毛面料上虫害造成的孔洞
摄影：英格丽 · 米达

图 8.15

由费雷德·G. 史密斯（Fred G. Smith）拍摄制作的橱柜肖像卡，肯特郡，约 19 世纪 80 年代，私人收藏

这件服装的典型特征暗示了 19 世纪末女性时尚服饰的约束性。高的、紧贴颈部的立领和上衣内缝合的支撑骨都表明这件服装穿起来并不一定舒适。

这件服装值得被研究的一部分原因在于，它代表了一类不太可能会出现在馆藏或研究收藏中的物品。工薪阶层和中下阶层无法像富人那样负担得起购置多套服装或可供更换的服饰，这点在一些建议性文献中就可以得到证明，如弗洛伦斯·怀特（Florence White）的《如何在小额预算下穿着得体》（*How to Dress Well on a Small Allowance*, 1901）。他们更有可能将服装穿到破旧不堪，这时它可能会被重新裁剪或改制成其他用途的物品，如抹布。

这件紧身短上衣来自一个大规模的私人收藏，没有出处，没有它被

图 8.16

R.A. Trueman 公司拍摄制作的橱柜肖像卡，温哥华，约 19 世纪 90 年代，私人收藏

特定女性曾穿着过的信息记录，也没有任何与之相关的照片或其他类型的视觉材料，但在许多橱柜肖像卡和普通人的照片中可以找到很多款式相似的女式紧身短上衣（图 8.15 和图 8.16）。还可以在一些描绘街景的照片和版画中找到作为相似款的不同穿着姿态的参照。

该私人收藏中还有其他颜色不同、面料不同的女式紧身短上衣，遵循的也是相似的时髦款式，显然是出自同阶层女性所穿的服装。许多博物馆收藏的女式短上衣在日期、面料和风格上都很相似，在博物馆藏品的线上资源中可能查到的大量案例往往多为上流社会的时尚服饰，与这件短上衣相似的藏品更有可能在规模较小的地域性博物馆中找到。

解释说明

通过研究这件女式紧身短上衣的时髦廓形和复杂的制作结构，以及所使用的普遍大众化的面料以探索：

1. 格奥尔格·齐美尔（Georg Simmel）等理论家所探讨的关于时尚与阶级的理论机制。

2. 19 世纪 90 年代的时尚观念及其传播，包括现实中的时尚服饰原型与当时的女性时尚杂志上呈现的理想化版本的对比。

3. 19 世纪末的女装裁制及服装工业的实践。

4. 在历史服饰收藏中所属的服装类型。

19 世纪 90 年代的时装注重突出上半身的设计，特别是在这十年的大部分时间里，宽大的袖子主导了服装廓形的流行趋势。紧身短上衣通常以贴合的束腰为基础，在前胸上常常会饰有大量精致层叠的垂褶装饰或拼接有胸部饰片（plastron），下身则搭配一条相对朴素的宽下摆长裙。这十年间的女性杂志时装插画中就展示了大量装饰过度的紧身短上衣，如蝴蝶结、荷叶边及钉珠装饰等（图 8.1）。

这件相对朴素且雅致的紧身短上衣为研究 19 世纪末大多数女性在现实生活中的时髦着装提供了参照，它还展现出了一些女性杂志上所描绘的时尚元素，如蓬松的袖子及丰满的前胸，它的袖山最宽处为 12 英寸，比那一时期在时装插画或照片中展示的巨大羊腿袖（gigot，法语羊腿袖）或羊腿形的袖子（leg-of-mutton，英语）要小得多（图 8.1 和图 8.16）。在时装插画中看到的一些袖子其上臂袖形巨大，以至于袖子被裁成了两截；分为上臂和下臂裁片，而这件紧身短上衣的袖子是一片式的裁剪。[1] 此外，这件紧身短上衣没有使用任何如蝴蝶结、荷叶边等在当时极为常见的装饰，甚至衣身上没有任何缝补的痕迹或别针留下的针孔，表明其穿着者不曾佩戴过珠宝或装饰胸针。这件棕色紧身短上衣同女性杂志上所描绘的服饰并不相符，体现了时装插画的夸张表现形式，表明这类时装插画是商业和促销的手段，画中描绘的是时髦的极端代表款式，是鼓舞人心及理想型的设计，并非每日穿着的常规款。

尽管案例研究中的这件紧身短上衣，轮廓适中且款式相对朴素，但它符合 19 世纪 90 年代女式紧身短上衣的复杂结构及束腰的特征，说明它也是一件时髦服装。例如，这件紧身短上衣有着十年间非常流行的紧贴合颈部的高立领（图 8.2）。这种内部附有多层硬衬制成的坚硬立领，挺立且不易弯曲紧贴住咽喉，导致其边缘磨损。这件紧身短上衣的腰围相对较小，为 23½ 英寸，会穿在束身衣之外；但它的内部也缝了十根支撑骨（图 8.6）以增强穿着者挺直的体态。[2] 这件紧身短上衣的羊毛袖子和平绒衣身形成了鲜明的视觉对比，显然它被创作的意图是款式时尚优先于舒适或实用。

这件紧身短上衣与当时的风格样式之间的关联（图 8.1）也为论证服饰的理论方法提供了机会，将时尚体系的运作机制与阶级概念联系起来。直到现在，时尚研究主要还是集中在那些有钱人的服饰上，他们足够富有，可以把收入的很大一部分用于购买时髦的服饰，而很少会考虑它们的实用性。尽管如此，时尚的概念并不局限于那些收入高的人。在 19 世纪 90 年代的儿童文学名著《绿山墙的安妮》（*Anne of Green Gables*）中，当安妮得知养母玛丽拉为她制作的新连衣裙没有时髦的蓬松袖时，她感到由衷的失望，这一深刻暗示证明了时尚在整个社会中的重要性。[3]

许多理论学家对最新时尚思想的产生及传播方式做出了解释。1904 年，德国哲学家格奥尔格·齐美尔在他的文章《时尚》中认为，社会地位低下的阶级通过模仿上层阶级的时尚穿着来表达他们对上流社会的渴望，反之，上层阶级则试图通过转向新的风格和采用新的面料以区分自己的地位（1904：135）。爱德华·萨皮尔（Edward Sapir，1931）、伊丽莎白·威尔逊（Elizabeth Wilson，1985）和吉勒斯·利波维茨基（Gilles Lipovetsky，1994）等学者后来重新考虑了时尚体系的机制，齐美尔的理论强调了独特的风格在时尚理念中的重要性，以及时尚体系内固有的二分法理论，不仅包含了对原创性的渴望，还有对模仿与融入的渴望。本案例研究中，这件紧身短上衣的面料应用及风格的呈现，就体现出制作者对这些渴望的表达，因为制作短上衣所用的都是价格适中的面料（图 8.13）。

面料的选择反映了穿着者希望塑造一个衣着讲究且时尚的形象，尽管都是她经济能力范围内所能选择的。当代建议型图书常会打消女性的顾虑，指出相比于花费大量金钱在服饰装扮上，穿着得体会更显品位。例如，哈里特·布朗（Harriet Brown）在其 1902 年的《细致严谨的服装剪裁与制作》（*Scientific Dress Cutting and Making*）一书中建议道："所谓的穿着考究并不意味着昂贵的着装。一件合身的连衣裙可能是用廉价的面料制成的。"（1902:53）这件紧身短上衣长度至高腰的特征可以追溯到 19 世纪 90 年代后五年，正处于女装生产经历巨大变革的关键时期。[4] 短上衣内的黑色棉质腰带上没盖有任何名称印章或标签，表明它很有可能是由穿着者自己或当地的一家小型女装裁缝店制成的，在 19

世纪末，女装裁制是对收入微薄的女性开放的一项职业技能。艾玛·胡珀（Emma Hooper）在《家庭简易服装制作》（*Home Dressmaking Made Easy*）一书中写道："绝大多数女性都属于所谓的'中等收入阶层'，她们必须成为自己的裁缝，否则会经常没有新款礼服穿。"（1896：11）19 世纪中期，缝纫机和服装版型纸样（paper pattern）的引入，尤其是美国的大型纸样公司 Butterick 和 McCall 推出的大量服装纸样，减轻了家庭裁缝的工作量（Kidwelland Christman，1974:77；Kidwell，1979:85）。还有许多家庭服装制作类书籍以及杂志文章都提供了额外的建议和指南。

在 19 世纪的大部分时间里，裁缝在女装生产中的作用仍然很重要，与男性成衣生产的稳步增长形成鲜明对比。许多服饰历史学家解释这种不一致性的现象是因同期女装的剪裁、结构及装饰的复杂性，使得女装的大批量生产变得更加困难（Kidwell，1979:108）。然而，到了 19 世纪 90 年代，越来越多的女装会在大型百货公司和邮购目录中出售。例如，西尔斯百货（Sears Roebuck&Co.）和伊顿百货（The T.Eaton Company Limited）等北美零售商在其邮购目录中提供女装裁制服务，将他们与庞大的潜在客户市场关联起来。客户可以按照邮购目录中的说明选择喜欢的款式、面料，并将她们的尺寸一并寄回（图 8.17）。

最后，这件紧身短上衣引发了人们对不同类型历史服饰的留存和保护的思考。值得注意的是，与这件紧身短上衣搭配的长裙并没有被保存下来。19 世纪 90 年代的长裙使用大量的面料使其体积庞大且缺乏装饰（图 8.1、图 8.15 和图 8.16），所以很容易地被裁制成不同用途的服装或家居用品。这套服装的长裙可能是用袖子同款羊毛制成的，而且受到了更严重的虫蛀破坏，袖子上的局部少量破损突出了这种可能性（图 8.14）。

4 T. EATON Co. LIMITED 190 YONGE ST., TORONTO.

Dress Making Department.

For Ladies' Dresses and Tailor-made Costumes made to order only

This department is devoted exclusively to dressmaking and ladies' tailoring, and the work is of the highest grade only. All work done in our own rooms under the most careful management. On application we will forward promptly samples of goods, estimates and measurement blanks, and any other information required.

IMPORTANT. When sending for samples, give color, style and price you wish to pay, and they will follow by return mail.

Tailor-made Costumes, Street Dresses, Separate Skirts, Separate Waists, Wedding and Evening Gowns Made to Order only.

Note carefully the following:

HOW TO TAKE A MEASURE.

Take your measurements carefully and write them down plainly. Examine your measures after taking to make sure that all measurements and directions are correct. Do not fail to pin to order sample of cloth selected. We will always make your garment of your first choice of cloth, provided it is in stock when order is received. Measures required for waists or jackets, to be taken over any other garment to be worn underneath. Make no allowance for seams.

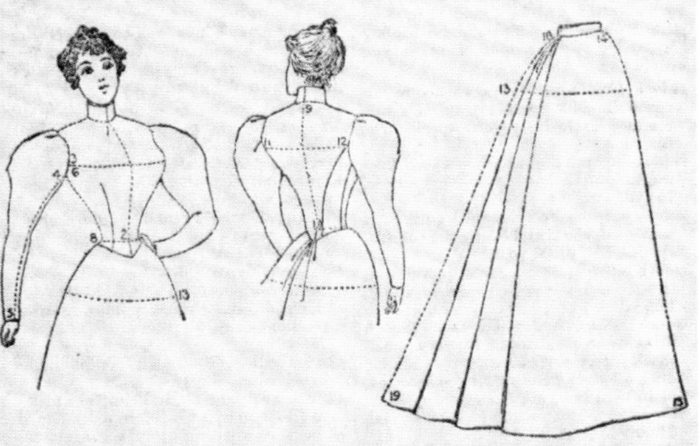

1. All around neck at bottom of collar.........................
1 to 2. From bottom of collar to waist line, not too long ......
3. Bust measure, all around body, well up under arms, not too tight.........................
4 to 5. Length of sleeve, inside seam ....
8. Size of waist all around ....
9 to 10. Length of back from bottom of collar to waist line, not too long ....
11 to 12. Across back ....
6 to 8. Under arm to waist line, not too long.................
13. Hip measure around body, five inches below waist line, not too tight. (This measure not required for waists)......
SKIRTS—Measures required. 14 to 15. Length in front from bottom of waist belt to desired length ....
18 to 19. Length in back from bottom of waist belt to desired length over bustle, if worn ....
13. Hip measure around body five inches below waist, not too tight.........................
8. Size of waist all around ....

Please answer the following, yes or no:

1. Has the person any peculiarity of shape?....
2. Has the person long neck?.................
3. Has the person short neck?.................
4. Has the person round back?.................
5. Give age.........................

Always measure the person for whom garment is intended.

A SUGGESTION.

LININGS AND TRIMMINGS FOR ONE DRESS.

5 yards linenette or silesia lining, 10c yd (skirt)	$0 50
2 yards linen canvas, at 12½c yd (skirt)	0 25
⅜-yard velvet binding (skirt)	0 19
2 yards silesia waist lining, at 15c yd (waist)	0 30
1 set dress bones (waist)	0 15
1 pair dress shields (waist)	0 15
2 spools sewing silk, at 5c	0 10
1 spool silk twist	0 02
Hooks and eyes	0 04
Waist and skirt belting	0 05
	$1 75

Linings for skirt alone	$1 05
" waist	0 70
	$1 75

The foregoing linings are excellent average quality. Finer goods at slightly higher rates can be furnished if desired.

What about groceries?—We supply monthly shipments to some of our customers.

图 8.17

伊顿百货邮购目录中服装裁制服务页面，
1898 年，p4，私人收藏

事实是大多数博物馆的收藏都会优先考虑时尚精英们的服饰，尤其是他们曾在特殊场合穿着过的服装。这类服装常被认为在材料和设计方面更具有收藏价值，因此更有可能吸引到各方的关注而获得策展的时间和资源。正如皇家安大略博物馆纺织馆的前负责人凯瑟琳·布雷特（Katherine Brett）为展览《质朴到时髦：1780—1967 年的加拿大服装与内衣》（Modesty to Mod: Dress and Underdress in Canada 1780-1967）撰写的目录中写道："居家艺术的各领域都有个人珍视的物品，而非私人财产，它们被珍惜和传承，代代相传至今为我们所享有。服装亦是如此；用于特殊场合仅穿着一次的婚纱或高级礼服，是大多能够被保留下来的服装。"（1967:vi）此外，工作服和下层阶级的衣服通常会被使用到完全破旧，或者被改制成年轻家庭成员穿的衣服，又或者被裁成被子或抹布，所以这类服装很难被留存下来。

随着学术界研究社会各阶层物质文化的兴趣不断增长，这件女士紧身短上衣为研究证明时尚在各个阶层的影响提供了一个时髦且恰当的例子。它不仅展现了那个时代女性遵循时尚理想的现实经历，其款式也与时尚媒体所展示的夸张风格及最新设计形成了鲜明对比，同时还表明了在适度的经济条件下，整洁且优雅的外观是可以被创作出来的。

注释

1. 以一件被保留下来的连衣裙袖子为例，其袖子分为上下两片式剪裁，参阅 Arnold，1977: 46f。

2. 以 19 世纪 90 年代杂志上宣传的束身衣为例，例如杂志 *The Delineator*（多伦多版）; 1892 年 11 月刊和 1893 年 11 月刊。

3.《绿山墙的安妮》，第 11 章。在这一章中，安妮明确地告诉玛丽拉，以回应她们关于蓬松的袖子看起来很荒谬的争论，"但我宁愿看起来和其他人一样荒谬，也不要就我一人穿得简单和朴素"（Montgomery，1996:79）。

4. 19 世纪 90 年代的前五年，如女性杂志和服装款式样版书中所展示的紧身短上衣，其长度趋向于更低的位置，略低于臀部。另请参阅 Arnold，1977: 40f。

参考文献

Arnold, J. (1977), *Patterns of Fashion 2: Englishwomen's Dresses and their Construction c.1860–1940*, London:Macmillan.

Brett, K. (1967), *Modesty to Mod: Dress and Underdress in Canada 1780–1967*, Toronto:University of Toronto Press.

Brown, H. A. (1902), *Scientific Dress Cutting and Making*, Boston: Harriet A. Brown.

Hooper, E. M. (1896), *Home Dressmaking Made Easy*, New York: The Economist Press.

Kidwell, C. (1979), *Cutting a Fashionable Fit: Dressmakers' Drafting Systems in the United States*, Washington: Smithsonian Institution Press.

Kidwell, C. and Christman, M. (1974), *Suiting Everyone: The Democratization of Clothing in America*, Washington: Smithsonian Institution Press.

Lipovetsky, G. (1994), *The Empire of Fashion: Dressing Modern Democracy*, Princeton: Princeton University Press.

Montgomery, L. M. (1996, first published 1908), *Anne of Green Gables*, London: Seal Books.

Sapir, E. (1931), "Fashion," in *Encyclopedia of the Social Sciences*, New York:Palgrave Macmillan.

Simmel, G. (1904), "Fashion," *International Quarterly* 10: 130–55.

White, F. (ed.) (1901), *How to Dress Well on a Small Allowance*, London: Grant Richards.

Wilson, E. (1985), *Adorned in Dreams: Fashion and Modernity*, London: I.B. Tauris.

9

第九章　案例研究：男士晚礼服套装：燕尾服和礼服长裤

Case Study of a Man's Evening Suit Tailcoat and Trousers

图 9.1（对页）

男士晚礼服套装，出自珍妮·浪凡（Jeanne Lanvin，1867—1946），法国，1927 年。黑色菱纹羊毛，黑色真丝缎，黑色真丝编织饰带，白色平纹棉，白色棉绉（piqué，凸凹织物），白色罗纹棉。大都会艺术博物馆布鲁克林博物馆服饰收藏，由阿尔伯特·莫斯（Albert Moss）于 1967 年赠给布鲁克林博物馆，之后由该博物馆于 2009 年赠出，2009.300.906A-F
图片版权归大都会艺术博物馆所有
图片来源：Art Resource，纽约

男装往往在博物馆的收藏中缺乏代表性款式，所受到的学术关注远不如女性时装的显著变化及结构的错综复杂（B-reward，1999:8）。然而，时尚学者和文化历史学家越来越多地关注男装及男性时尚的微妙复杂变化，驳斥了传统观点，即在 19 世纪初所谓的“伟大的男性大弃绝”（Great Male Renunciation）时代，男装不再使用精致的面料和鲜艳的颜色，之后的男装款式几乎没有变化。[1]

本案例研究是针对一件男式燕尾服及长裤进行的分析研究，它们是出席正式场合的晚装礼服套装的类型之一，在英国的传统中被称为“男士燕尾礼服套装”（dress suit），这套礼服出自大学服饰研究收藏。[2] 燕尾服和裤子是用黑色精纺的羊毛制成，面料上织有精美的条纹，它们被制成的时间可追溯到 1912 年至 1922 年。这套礼服的时髦剪裁及结构的细微变化意味着，相较于女装，男装的制作时间往往会更难被精准地确

图 9.2

燕尾服的案例研究
摄影：英格丽 · 米达

图 9.3

袖口上的纽扣装饰细节
摄影：英格丽 · 米达

图 9.4

燕尾服内部的绗缝细节
摄影：英格丽 · 米达

图 9.5

裤子前门襟上的纽扣及上面被蛾幼虫破坏的痕迹

摄影：英格丽・米达

定。这套礼服缺少了礼服马甲，这种不符合常理的缺失表明原来与之搭配的马甲没有被保留下来，同时也没有捐赠者信息及关于这套燕尾礼服穿着场合的记录。

细致观察

燕尾礼服的结构

这件高腰燕尾服的后腰部裁成浅弧线汇于中间构成小尖角，后腰弧线下拼缝有两条锥形燕尾（26½ 英寸或 67.3 厘米长）（图 9.2）。燕尾服的高腰腰围为 32 英寸（81.3 厘米），胸围 35 英寸（88.9 厘米）。左右前片上各有一条收腰省道。背部被裁成六片，背部中间有一条接缝。这件燕尾服设计有无垫肩式肩线和贴合的袖子，前开襟处没有缝制固定纽扣的扣眼，纽扣仅是作为装饰，类似于手腕处无开合功能的固定细节（图 9.3）。燕尾服设计有尖角状宽翻领（戗驳领），尖角翻领领面用黑色罗纹真丝制成。这件燕尾服的衣身内衬有黑色真丝缎，袖子内衬有奶油色棉缎。在燕尾服内的胸部和袖笼周围还附有菱形绗缝衬垫（图 9.4），在脖领后面也加有衬垫。

在这件燕尾服的前身上没有缝制固定纽扣的扣眼，只缝有黑色纽扣，以模仿西服外套双排扣的样式，袖口缝有较小的黑色纽扣(图 9.3)。在这件燕尾服的左胸位置有一个手巾袋（breast pocket），右胸位置有一个内部口袋，两条燕尾的内衬上还缝有暗袋（concealed pocket）。

裤子结构

燕尾服下身搭配的长裤是高腰款，较宽的直筒式剪裁，中间有些褶饰，前门襟处缝有黑色金属纽扣（图 9.5）。裤腰周围还缝有额外用于固定男士背带的纽扣（图 9.6）。裤腿外侧接缝上装饰有一条黑色编织饰带（44 英寸或 111.8 厘米）。裤子右侧有一个后袋（back pocket），两侧接缝处都有口袋，在右侧裤腰内还缝有一个圆形小内袋。在裤脚向内的折边上都嵌有一条黑色窄条皮质贴边（图 9.7）。裤子的前门襟还附有黑色亚麻和奶油色棉布加固。这条裤子的内长（裤腿内侧）为 30 英寸（76.2 厘米），腰围为 30 英寸。这套燕尾礼服大部分是由机器缝制的，也有一些局部，如扣眼是手工缝制完成的。

纺织品类

这件燕尾服是用精纺黑色羊毛制成的，面料上织有精美的条纹。衣身内衬有黑色真丝缎，袖子内衬有奶油色棉缎。翻领领面是黑色罗纹真丝。下身搭配的长裤是用燕尾服同款羊毛制成的，裤腰内衬是奶油色斜纹棉。

商标 / 标签

这套燕尾礼服上没有附属的标签，也没有制造商的商标。然而，在

图 9.6

裤腰上用于固定男士背带的纽扣和裤腿外侧的编织饰带
摄影：英格丽 · 米达

图 9.7

裤脚向内折边上的皮质贴边
摄影：英格丽 · 米达

燕尾服胸部内侧的口袋上有明显的曾经缝制过商标的针脚痕迹，表明标签已被移除（图 9.8）。在燕尾服右肩内的袖窿周围及裤子右侧缝口袋内有用黑色墨水标记的字母数字组合编码“RS8576”（图 9.9）。

礼服套装的使用及穿着

这套燕尾礼服缺少了一件相配的马甲。它可能因损坏、污染或过度使用而无法被恢复或已被丢弃。套装上没有褪色或染色的痕迹，表面有很少的几处磨损。尖角翻领的罗纹真丝领面在前中和尖角处有局部磨损。另外，两边的袖窿内衬都已经出现了撕裂的破损（图 9.10）。翻领的内侧边缘及领口周围的罗纹真丝上也有磨损的痕迹。在奶油色棉制裤腰上有棕色及黑色的污渍，可能是男士背带上的金属配件造成的。在门襟裆部周围，有一处白色的残留，看起来像蛾幼虫造成的破坏，其他部位没有出现蛾幼虫的破坏迹象（图 9.5）。

图 9.8

曾缝有商标的针脚痕迹，商标已被移除

摄影：英格丽 · 米达

图 9.9

袖子内的手写标记
摄影：英格丽 · 米达

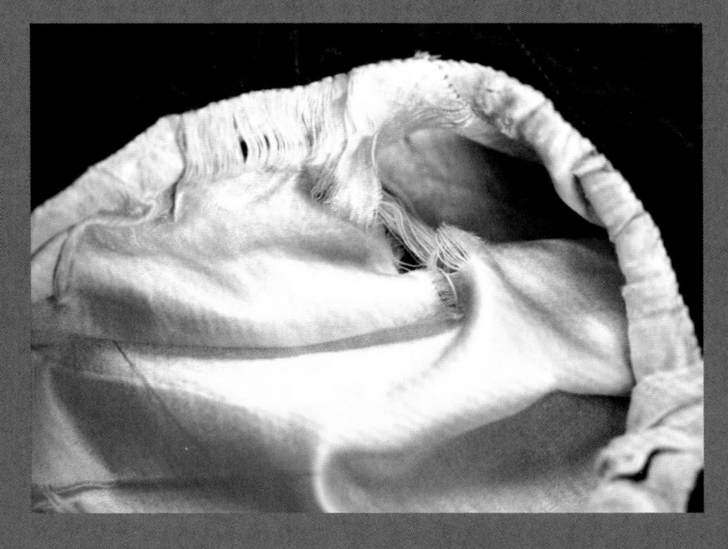

图 9.10

燕尾服袖窿处里衬的破损
摄影：英格丽 · 米达

图 9.11

羊毛与罗纹真丝拼接的翻领细节
摄影：英格丽 · 米达

审慎思考

这套燕尾礼服，其细致的结构与优质的面料相结合，具有传统的设计感且适合重要场合穿着。羊毛的重量及薄厚度显示出面料的品质。浓墨般的黑色使这身晚礼服套装看起来既庄重又奢华，罗纹真丝领面上的光泽与羊毛的哑光黑色之间的相互作用增强了这种感官效果（图 9.11）。这身套装还体现出注重礼节、正式场合的着装方式和严格的社会标准，其清晰严谨的结构暗示着前所有者的身份地位。

这套燕尾礼服没有出处记录，无法确定是哪位捐赠者将其赠予大学研究收藏的。在大学的研究收藏中还有另外一身出自 20 世纪初的男士正装套装，许多博物馆和研究收藏中也有类似的藏品。[3]

在 20 世纪早期的报纸和杂志的裁制定做广告及肖像画（图 9.12）中，都可以找出大量丰富的男士晚礼服套装插图和图像资料。它们常出现在描绘上流社会生活的绘画中、富人和名人参加晚会活动的照片中，以及

图 9.12

橱柜肖像卡，约 1890 年，摄影师不详
私人收藏

著名演员兼舞者弗雷德 · 阿斯泰尔（Fred Astaire）主演的好莱坞电影《礼帽》（*Top Hat*，1935）中。杂志和宣传广告中的男士晚礼服套装插图旁通常会附有面料、结构细节介绍及价格，这些都是实用的参考文本，其他的证据资料可以参考裁缝记录和零售目录。

解释说明

这套燕尾礼服是 20 世纪初男式优雅正装礼服的代表案例，是令人印象深刻的燕尾服与长裤的搭配，可以用来研究探索：

1. 关于男装风格变化速度的理论；
2. 男装生产的转变，从定做到量体裁衣再到成衣的兴起；

3. 通过男装的微妙细节来体现礼节与等级的概念；

4. 通过对衣着的选择表达性别和身份的问题。

这套晚礼服的燕尾服以其独特的尾部和裁短的前身而得名，是由 19 世纪早期男性时尚的日装燕尾服发展而来，后被作为出席正式场合的礼服着装。同许多其他类型的男性服装一样，男式燕尾服也经历过一段衣着变化的瓶颈期，在 19 世纪下半叶，从时尚的男式日装转化成为正式的晚装（Byrde，1979:82，147）。

图 9.13

白色棉绉男士马甲，约 20 世纪 20 年代
由诺拉 · 克莱尔（Norah Clarry）赠出
Ryerson FRC1989.04.025
摄影：英格丽 · 米达

正如19世纪末20世纪初的礼仪图书中所建议的那样，晚礼服套装常与黑色和白色马甲搭配穿着直到第一次世界大战之后（Humphry，1897:93）。考虑到白色马甲更容易被污垢浸染（图9.13），所以很有可能与这身晚礼服套装搭配的马甲是白色的，在其明显变脏后被丢弃。如图9.1中所示的黑色羊毛男士无尾晚宴礼服套装（tuxedo）出自1927年的珍妮·浪凡，内搭白色马甲。

在20世纪的很长一段时间里，服装历史学家们普遍持有的传统理论观点认为18世纪末的男装转向了静止状态，风格保守且统一，其中约翰·卡尔·弗吕格尔（John Carl Flügel）在他于1930年出版的《服装心理学》一书中的论述观点可能是最具特色的。在书中，他提出了“伟大的男性大弃绝”的概念，并宣称从19世纪初开始，男装的裁剪样式已经成为“最朴素和最清心寡欲的艺术品”（1930:111）。弗吕格尔在书中还借鉴了托斯丹·范伯伦关于“悠闲阶层”时尚消费的讨论，在时尚消费中的女装，色彩多样、装饰复杂且款式精美，以显示其家庭财富和社会地位，与冷清的男性衣橱形成了鲜明对比（Veblen，2007:118-120）。最近，服装和文化历史学家的工作，如克里斯托弗·布鲁沃德（Christopher Breward）和菲奥娜·安德森（Fiona Anderson），反驳了这种解释，他们证实了男装确实会随着时间的推移而变化，但这些往往是非常细微巧妙的变化，会在服装结构和配饰中得以显露（Breward，1999:40；Anderson，2000:405-426）。虽然男士晚礼服套装的基本组成部分在几十年中一直保持不变，但剪裁细节、面料选择和外形揭示了这身晚礼服套装是紧随男装廓形的潮流而变化的。从这件燕尾服的结构细节分析，如前身腰部略微尖状的剪裁，深V形的宽戗驳领，表明其年代约在1912年至1922年（图9.2）。19世纪最后十年的燕尾礼服倾向于前身腰部呈直线剪裁，设计有绕颈式的青果领，以及在前腰部下方有一条额外的用面料制成的，被称为“strap”的带子，在1905年以后这种设计就基本消失了。[4]

这套燕尾礼服的创作时间可以追溯到1912年至1922年，无论是从男装生产层面，还是从男士正装着装规范的日益放宽层面来看，它都是处在传统与变革发展交汇时期所诞生的款式。克里斯托弗·布鲁沃德指出，传统剪裁在男装中一直发挥着重要的作用直到20世纪，男装成衣的影响程度在20世纪10年代已经得到稳固，世纪之初的邮购目录上提供的多是库存常备的晚礼服款式（1999:28）。尽管如此，富裕的顾客仍然选择去裁缝那里定做或量身裁制套装，以确保身形的贴合度，以及从裁缝那里获得高品质的面料裁制服务。这套燕尾礼服选用了优质的面料——一款精纺羊毛面料，上面织有素雅的条纹，其外观品质很好——表明这是一套定制礼服。还有在定制的礼服上会有另一处几乎不易被察觉的细节，就是高品质定制级裁缝会通过在礼服上缝制记录标签以保持与客户之间的密切关系。这类标签通常可以在套装外套的前胸内袋上找到，上面不仅记录了公司名称，还记录了客户的姓名以及获得佣金的日

图 9.14

用以举例说明的裁缝标签，Jack Freeman，缝于西装夹克内，1973 年
由玛丽林·皮博迪（Marilyn Peabody）赠出
Ryerson FRC1986.03.03A
摄影：英格丽·米达

期（图 9.14）。[5] 在这套礼服的燕尾服外套上没有这样的标签，但前胸部内侧的口袋处留有清晰的缝合痕迹表明标签已被移除（图 9.8）。有可能是因为捐赠者在将这套礼服赠给大学作为研究收藏时想要删除与个人相关的所有信息；证明这是一套定制礼服的另一处细节是燕尾服颈背部内衬中的填充物，表明穿着者的背部可能有轻微的凹陷，他们希望通过精心制作的外套以隐藏缺陷。只有在定制的套装中才能找到这类个性化的细节。

第一次世界大战之后的十年是政治和社会大动荡的时期，整个社会发生了明显的巨变。在欧洲贵族家庭的生活方式中，以及严格控制的社交聚会与活动的礼仪规范中，这种转变尤为明显。这包括严格的着装规范的变化，长期以来，这些规范形成了一个着装框架，决定了各类场合的着装标准。

正如菲奥娜·安德森在她的文章《时尚绅士》（*Fashioning the Gentleman*）中指出的，在 20 世纪之交，这种变化已经在男装领域开始了，关于阶级、男性气质和时尚的既定设想面临着挑战，男性的社会地位主要是基于财富而非家庭背景（Anderson，2000：409）。例如，无尾礼服或晚宴外套（Tuxedo/dinner jacket）最早出现在 19 世纪末，并开始不断地被人们所接受成为一些晚间活动正装的替代款式（Byrde，1979:148f）。然而，在第一次世界大战之前，既定的规范是很难被彻底改变的，正如 1914 年版的 *Harper's Bazaar* 杂志在其报道中的表述："在目前去尝试改变燕尾礼服的风格已被证明是失败的。它的总体外观与上一季相比不会有任何变化。还是前身短腰、正面敞开，尾部还是同样优美的垂顺线条。"（1914：54）

英国国王乔治五世与他的儿子威尔士亲王爱德华在出席正式场合时对服装的不同态度，体现了新旧服装的冲突。虽然国王以在着装方面坚持最高标准而闻名，但他的儿子因其从容的魅力和年轻优雅的举止，令他成为那些渴望男装变革的新一代的时尚引领者。例

图 9.15

后部设计有长燕尾的女士黑色真丝短上衣，约 19 世纪 70 年代，由鲍勃 · 加拉格尔赠出
Ryerson FRC1999.05.011
摄影：贾兹敏 · 韦尔奇

如，虽然乔治五世曾谴责对正装规范的轻微改动，但他的儿子爱德华在1936年成为爱德华八世国王后就废除了在宫廷场合穿着礼服的规定（Dawson，2013：201）。爱德华个人更倾向于穿着晚宴礼服，而不是燕尾礼服，他的晚礼服多为深蓝色，替代了传统的黑色。根据伊丽莎白·道森（Elizabeth Dawson）的说法，午夜深蓝色（midnight blue）是在20世纪30年代被引入作为黑色男士晚礼服的替代色（2013：205）。案例研究中的经典黑色燕尾礼服，是具有传统时尚风格的正装款式，代表了这件正装礼服正处于变革前的最后挣扎阶段。在第二次世界大战后，晚宴礼服成为男性最常见的晚礼服形式，而燕尾礼服套装及燕尾服被认为越来越过时了。

尽管除了最正式的场合外，男士燕尾服基本上已经从当代男装时尚中消失了，但燕尾服的廓形成为女性时尚衣橱的创作灵感，被赋予了新的生命。将男性衣橱中的元素融入女装的设计有着悠久的历史，即使社会和文化角色中存在性别着装差异，在这种差异被增强和突出的时候也是如此。例如，19世纪70年代是一个性别角色高度分化的时代，女性的连衣裙和紧身短上衣常会借鉴男装的设计元素，包括肩章和燕尾（图9.15）。尽管如此，直到20世纪，男性套装的款式才开始被女性以更完整的形式所采用。虽然在20世纪早期的人们已对女性演员模仿男性而穿上男士晚礼服的表演司空见惯，但穿上一套男装明显会让人感受到一种震惊的魅力，正如女演员玛琳·黛德丽（Marlene Dietrich）在1930年的电影《摩洛哥》（*Morocco*）中所演绎的那样。[6]

当代前卫时装设计师开始越来越多地关注男士套装并在其中发掘女装系列的创意灵感，包括伊夫·圣洛朗、山本耀司和亚历山大·麦昆。许多人会在其时尚造型中直接借鉴燕尾服的款式，将严谨的男装剪裁与符合女性美感的面料相结合，或者对燕尾服的结构概念进行深刻的探索。例如，伊夫·圣洛朗于1968年创作的天鹅绒燕尾服，内搭真丝网纱刺绣女士衬衫。亚历山大·麦昆因其在毕业设计系列“开膛手杰克”

（Jack the Ripper）中引用男士燕尾服的设计为人熟知，该系列的灵感来自维多利亚时代的燕尾礼服。麦昆于 2010 年英年早逝后，其品牌新任创意总监莎拉·伯顿选择在上任后的第一个 2011 春夏系列中推出一件全白色破损风格的燕尾服致敬麦昆的经典创意。

在这套燕尾礼服所属的大学研究收藏中还藏有其他几件以燕尾服为设计灵感的女装外套。一件出自品牌 Smythe les vestes 2012 秋冬系列的黑色羊毛燕尾服（图 9.16），其款式紧随男士燕尾服的设计线条，塑造了更符合现代时尚的中性风格。另一件更引人注目的外套是出自川久保玲（Rei Kawakubo）为其品牌 Comme des Garçons 设计的（图 9.17），该设计重新解构了燕尾服的结构概念。

这件饰有金色金属线的单排扣黑色羊毛燕尾服看上去结构简单，但

图 9.16

黑色女士燕尾外套，出自品牌 Smythe les vestes，2012 秋冬。由该品牌创始人 Andrea Lenczner 和 Christie Smythe 赠出
Ryerson FRC2012.02.002
摄影：贾兹敏·韦尔奇

图 9.17

川久保玲为其品牌 Commes des Garçons
设计的缺失了燕尾的燕尾服外套
由卡伦 · 穆哈伦（Karen Mulhallen）赠出
Ryerson FRC2006.01.023
摄影：贾兹敏 · 韦尔奇

在它的背后却有一处不寻常的缺失，就是这件上衣没有所谓的燕尾，后腰以下是空的。这是一种奇怪的打乱常规的缺失，戏弄着我们对空无与完整的认知观念。这样做的目的旨在突出晚礼服的概念，就像本案例研究的燕尾礼服一样，它已经从一种活跃于社交场合的礼仪服装转变成为一种灵感的源泉，满足人们对传统时尚的浪漫幻想。

注释

1. 约翰·卡尔·弗吕格尔在其1930年出版的《服装心理学》(*The Psychology of Clothes*) 一书中创造了“伟大的男性大弃绝”一词。关于思考男装新的表现形式，请参阅克里斯托弗·布鲁沃德所著的 *The Hidden Consumer* 和 *Fashioning London*。

2. 这身晚礼服套装是瑞尔森大学时尚研究收藏中的其中一套(FRC2013.99.034A+B)。

3. 在网上很难搜索到类似的西装款式，因为每个地方的服饰收藏会用不同的方式来记录和描述这些服装，包括“礼服套装”(dress suits)、“正装礼服”(white tie)、“晚礼服”(evening dress) 和“燕尾服”(tailcoat)。尽管与本案例研究的正装礼服套装主题一样，这类男士正装在博物馆和研究收藏中经常有很好的代表性案例，但相较于男士的日常西装，如休闲服或运动服套装，这些礼服套装西装又缺少了所有相关的配饰(如礼服衬衫、领结、礼帽)，这些配饰会将它们变成一身完整的晚礼服套装。

4. 参考诺拉·沃的书 *The Cut of Men's Clothes: 1600—1900* 中列举的一款1893年的燕尾服平面纸样版(1964：147)

5. 亨利·普尔(Henry Poole & Co)是英国萨维尔街上著名的裁缝商店，从19世纪50年代开始，他们会在定制的西服套装上附上该店的定制标签((Barnard Castle，2013:4)。

6. 美国演员艾拉·希尔兹(Ella Shields，1879—1952)以其男性装扮在音乐厅表演而闻名，她最著名的代表歌曲是“Burlington Bertie from Bow”。

参考文献

Anderson, F. (2000), "Fashioning the Gentleman: A Study of Henry Poole and Co., Savile Row Tailors 1861-1900," *Fashion Theory*, 4 (4): 405-426.

Barnard Castle. (2013), *Henry Poole & Co. Founder of Savile Row. The Art of Bespoke Tailoring and Wool Cloth at Bowes Museum*, Barnard Castle: Bowes Museum, exhibition booklet.

Breward, C. (1999), *The Hidden Consumer: Masculinities, Fashion and City Life, 1860–1914*, Manchester: Manchester University Press.

Breward, C. (2004), "The Dandy: London's New West End 1790-1830," in C. Breward, *Fashioning London: Clothing and the Modern Metropolis*, London: Bloomsbury: 21–48.

Byrde, P. (1979), *The Male Image: Men's Fashion in Britain 1300–1970*, London: B. T. Batsford.

Dawson, E. (2013), "Comfort and Freedom: the Duke of Windsor's Wardrobe," *Costume*, 47 (2): 198–215.

Flügel, J. C. (1930), *The Psychology of Clothes*, London: Hogarth Press.

Harper's Bazaar (1914), "The Observer," October 1914: 54, 96.

Humphry, Mrs. (1897) *Manners for Men*, online version.

Veblen, T. (2007, first published 1899), *The Theory of the Leisure Class*, M. Banta (ed.), New York: Oxford University Press.

Waugh, N. (1964), *The Cut of Men's Clothes: 1600–1900*, London: Faber.

A LA VILLE VOISINE

ROBE DE MARIÉE, DE JEANNE LANVIN

10

第十章　案例研究：浪凡结婚礼服与头饰

Case Study of a Lanvin Wedding Dress and Headpiece

图 10.1（对页）

“在邻近的城镇”，珍妮 · 浪凡设计的结婚礼服。刊登于 *Gazette du Bon Ton* 杂志上的时装插画，由皮埃尔 · 布里索（Pierre Brissaud）绘制，1921 年 2 月刊
图片来源：Kharbine-Tapabor/The Art Archive at Art Resource，纽约

结婚礼服通常只穿一次，之后被小心地保存起来，作为重要人生大事的回忆物件。这些礼服在女性衣橱、博物馆和研究收藏中的高存活率证明它们被赋予了情感依托。

本案例研究探讨的是大学研究收藏中出自法国时装设计师珍妮·浪凡（1867—1946）的一件珠饰结婚礼服和头饰。[1] 这件婚纱和头饰都有被修改过的痕迹，表明它们被穿着使用过不止一次。这件礼服和头饰是由匿名捐赠者于 2007 年捐赠给大学研究收藏的，且没有相关的捐赠记录。虽然礼服上没有标签，但头饰上有一个绣有金黄色字母的商标，部分内容是“Lanvin, Paris/ FAUBOURG ST. HONORE”。浪凡时装屋是法国现存最老牌的高级定制时装屋，在 2014 年曾庆祝过该品牌时装屋成立 125 周年。

初看上去，这是一件传统式的结婚礼服与头饰的组合（图 10.2）。

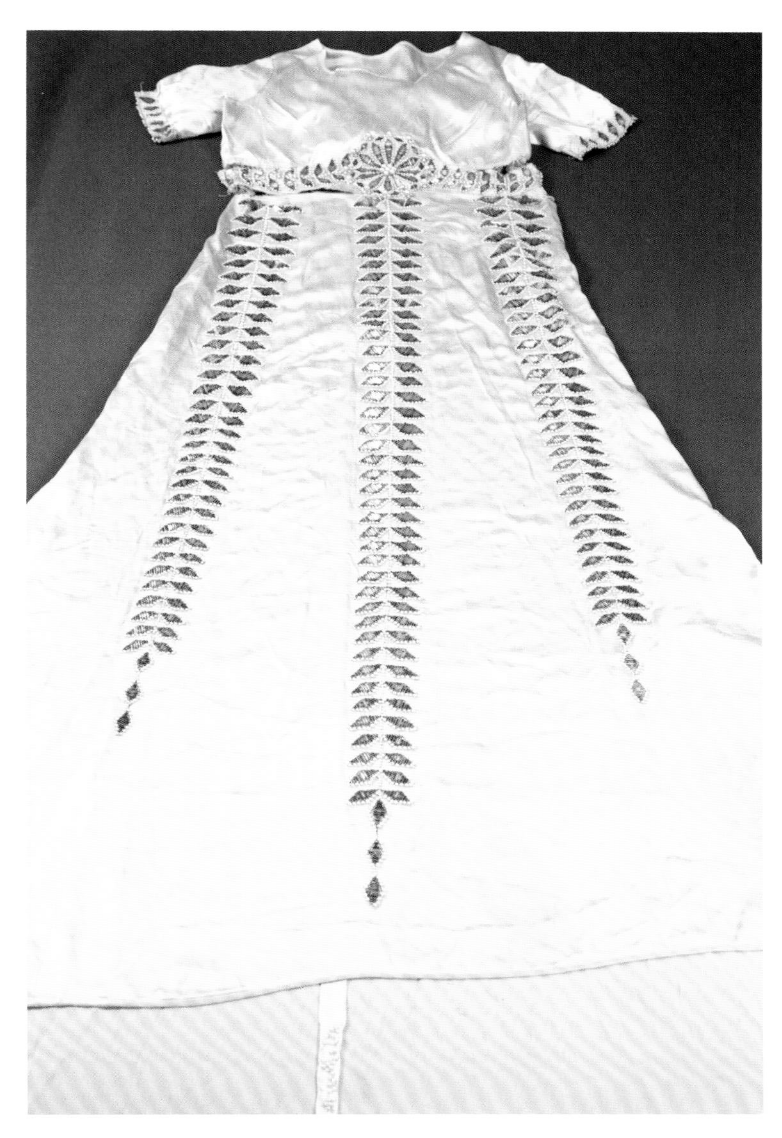

图 10.2

结婚礼服正面平铺展示图
摄影：英格丽·米达

这件及地长礼服，用奶油色真丝缎制成，这种面料及颜色通常与婚礼的浪漫和奢华联系在一起。礼服正面饰有大量珠绣，是一种抽象的花朵图案。与礼服搭配的头饰是一个嵌有网纱的头冠，头冠上装饰有与礼服相

图 10.3

与结婚礼服搭配的头饰
摄影：贾兹敏 · 韦尔奇

图 10.4

结婚礼服腰部的破损细节
摄影：英格丽 · 米达

似的珠绣图案（图 10.3）。这件礼服的状况很差，上身与裙身之间的接缝有多处明显的破损，查验处理服装的过程可能会对这件礼服造成进一步的伤害（图 10.4）。通过对礼服和头饰的仔细研究可以了解它们的原始形态和被制作完成的大致时间，并进一步了解它们在之后被修改及重复使用的方式。

细致观察

礼服的结构

这款及地长礼服上身用奶油色面料制成，圆形领口刚好至前颈锁骨下方（图 10.5）。上身是高腰设计（腰围 27 ⅞ 英寸或 70.8 厘米），两侧腰线呈上升曲线形交于前中成尖角状。前身和后身都是一片式剪裁，

图 10.5

存放于收纳盒内的结婚礼服
摄影：英格丽 · 米达

图 10.6

礼服拖尾下摆边缘的收尾处理细节
摄影：英格丽・米达

通过两侧侧缝缝合在一起。上身裁有领口和胸部省道，但背部却没有收身省道。领口是用同款面料制成的斜裁条进行的包边处理，接缝于袖窿的是直裁式短袖，其袖口处装饰有珠绣饰边。这件礼服的胸围是 32 ⅝ 英寸（82.9 厘米）。

奶油色丝缎长裙从腰部到下摆呈微喇叭形，裙后设计有圆状拖尾（超出裙摆长度约为 32 ½ 英寸或 82.6 厘米），在拖尾上还绣有米粒珠（图 10.6）。裙身内没有缝制衬里，是由 5 片不同长度的裙片缝制而成，每一片裙摆边缘都没有留毛边，整个下摆边缘采用同款面料斜裁条进行包边处理。在拖尾的中缝上嵌缝有一条长 4 英寸（10.2 厘米）用同款面料制成的布袢（图 10.7），位于拖尾末端（超出裙摆的长度 32 ½ 英寸或 82.6 厘米）。礼服的开合是通过左侧缝上的八对金属按扣以扣合固定，开合长度从腋窝至腰部下方（图 10.8）。

这件礼服是运用机器与手工工艺相结合缝制而成的。大多数接缝都是用机器缝合的，裙子的下摆则是手工完成的（图 10.6）。上身的接缝

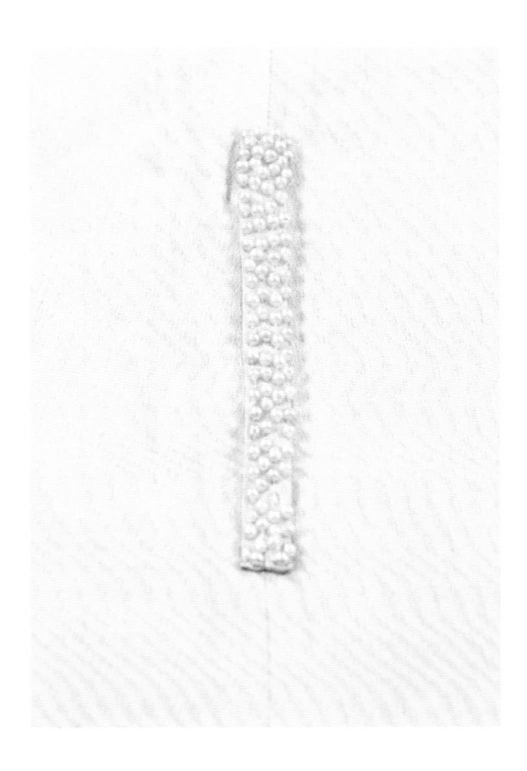

图 10.7（左）

缝在礼服拖尾上，装饰有米粒珠的布袢
摄影：英格丽·米达

图 10.8（下）

腋下开合处按扣周围的破损
摄影：英格丽·米达

边缘未经过修边（锁边）处理。

礼服面料

这件礼服是用颜色相近，但质地完全不同的两种面料制成。裙身是用奶油色真丝缎制成，这是用于制作礼服的最初面料，而上身则是用奶油色斜纹合成纤维面料制成（图 10.9）。

礼服的上身和裙身上都饰有抽象的叶子和花朵珠绣图案。珠绣装饰的重点都聚焦于腰带中间的玫瑰花形图案，该图案与头饰上的珠绣玫瑰花形相呼应（图 10.10 和图 10.3）。腰带上装饰有一连串的珠绣花叶图案，中间是珠绣玫瑰花形。裙身的正面饰有三条垂直向下排列的装饰图案，图案中间是一条向下排列的珠串，两侧是按照固定格式向下排开的

图 10.9

面料的织纹结构及袖口上的珠绣装饰
摄影：英格丽 · 米达

图 10.10

礼服上的玫瑰花形珠绣图案
摄影：英格丽 · 米达

图 10.11

叶子珠绣图案细节
摄影：英格丽 · 米达

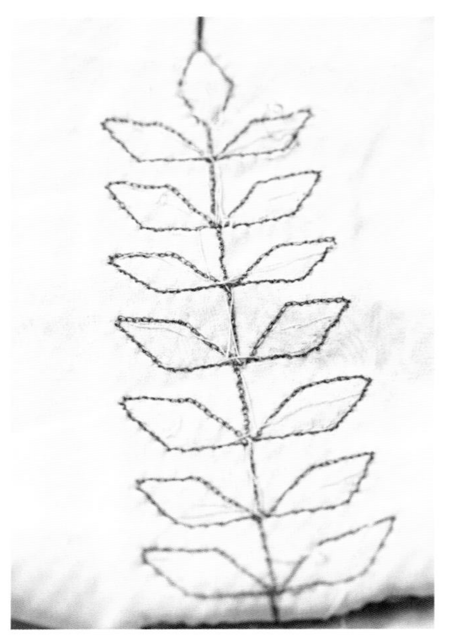

图 10.12

珠绣图案背面的链式针迹
摄影：英格丽 · 米达

珠绣月桂叶，至裙摆处以三片垂直向下排开的叶子完成了该图案由上至下的排列顺序（图 10.11）。

珠绣图案是应用奶油色米粒珠和银色玻璃管状珠组合而成。略微呈椭圆形的玫瑰花形宽 4 ½ 英寸（11.4 厘米），高 5 英寸（12.7 厘米）。米粒珠的直径为 1/8 英寸（3 毫米），而管状珠的长度从 1/16 至 9/16 英寸（2~15 毫米）不等，以绣出大小不等精致的图案。裙身上呈锥形排列的叶子图案相较于腰带上的图案要宽很多，并逐渐变窄向下延伸至裙摆。菱形叶片是用管状珠平行排列而成，再用米粒珠绣出叶片的边缘(图 10.11)。玫瑰花形的花瓣是由水平排列的管状珠构成，边缘绣制着米粒珠，花蕊是较大的珍珠，这些用管状珠和米粒珠绣制的花瓣环绕着花蕊依次排开（图 10.10）。此外，在礼服拖尾中缝内侧点缀着米粒珠，在拖尾下摆处还缝有一条饰有米粒珠的布袢（图 10.7）。这些珠绣图案应用了直针绣与链式针绣的混合绣制工艺（图 10.12）。

礼服商标

这件礼服上没有制造商的商标。因其脆弱的外观状况，所以针对该礼服内部的查验被禁止，我们将无法找出商标可能被移除的证据。

礼服的使用及穿着

这件礼服上出现了明显的磨损及被修改过的痕迹，包括使用不同面料替换原来上身的面料（图 10.4），以及重新修复了原有的珠绣装饰图案。替换过面料的上身已出现了破损：腰带的接缝已经断开，尤其是后面裙身已经脱离腰线。腋下侧缝开合周围也有损坏，因拉扯按扣而造成的面料撕裂(图10.8)。礼服上有一处小块的面料贴补，试图修复破洞(图10.13)。裙身上也有磨损的迹象：有几处因拉扯而失去弹性，还有轻微的污渍和弄脏的地方，尤其是在下摆周围。还有多处地方出现了珠绣脱落的情况，尤其是在袖口边缘上的珠绣破损严重。管状玻璃珠内的银色

图 10.13

礼服内的小块面料贴补
摄影：英格丽 · 米达

图 10.14

老化分解的仿珍珠
摄影：英格丽 · 米达

涂层已经开始失去光泽，因变得暗淡而显得毫无生气（图 10.11）。玫瑰花形中心的几个较大的仿造珍珠已经开始老化分解（图 10.14）。

头饰

与礼服搭配的头饰是用一条较宽的奶油色真丝缎带制成的，上面装饰着与礼服相同的珠绣图案（图 10.15）。头饰前中最宽（4½ 英寸或 11.5 厘米），至脑后逐渐变窄（1½ 英寸深或 3.8 厘米）。显而易见，硬挺的冠状发带是因为内部附有硬棉布或硬衬，已经出现了一些缝线松散的情况（图 10.16）。在发带内缝有奶油色的网纱，构成了一顶帽子式的、长度齐腰的头纱。头纱是双层的，且边缘未经过修边处理。

图 10.15

头饰上的珠绣图案
摄影：英格丽 · 米达

头饰上采用了与礼服同样风格的珠绣叶子图案，环绕排列于发带一周，前中是一个玫瑰花形图案（4½ 英寸或 11.5 厘米），与礼服腰带上的玫瑰花形图案一致。

发带内侧衬着奶油色丝缎，上面缝有一个商标，商标上绣有金黄色的字母“Lanvin Paris/FAUBOURG ST.HONORE”（图 10.17）。商标的一部分因修改而被缝合隐藏进发带与网纱间。

这件头饰也有磨损和改动的迹象。玫瑰花形中心的大珍珠已经严重受损，管状珠内的银色也失去了光泽，一些珠子已经脱落。发带后面的接缝有改动以缩小了原有围度（图 10.18），现在的围度为 22 英寸（55.9 厘米）。这种改动遮住了一部分商标，网纱看起来像是后添加上去的，因其被嵌缝在了设计师的商标上（图 10.16），上面还有几处损坏。

图 10.16

头饰线迹松动处露出的硬衬
摄影：英格丽 · 米达

图 10.17（上）

头饰上浪凡的商标
摄影：英格丽 · 米达

图 10.18（右）

头饰上改动过的细节
摄影：英格丽 · 米达

审慎思考

这件结婚礼服与头饰给人一种荣光衰退的印象。尽管这件礼服因修改和老化受到了巨大的外力破坏，但它仍然保持着相对美丽且华贵的外观，其缎面奢华的光泽突显了管状珠饰的银色闪光。

在大学的研究收藏中没有关于这件礼服与头饰的出处记录或照片，因此就没有任何关于它们的穿着者，或穿着场合的信息记录。该收藏中也没有其他出自同一时期的带有浪凡商标的服装，但在许多别处的博物馆馆藏中都可以找到，包括巴黎的时尚博物馆和纽约大都会艺术博物馆的服装学院。与 20 世纪初其他设计师的作品一样，浪凡的创意设计经常出现在时尚杂志上，如 *Gazette du Bon Ton*（图 10.1）和 *Harper's Bazaar*。

出现在这件礼服和头饰上的改动及破损的痕迹可以成为多方面历史的证明。礼服和头饰上的大量珠饰图案似乎是受到了 20 世纪 20 年代装饰艺术的影响，礼服在最初被纳入收藏时所注明的年代为 1925 年至 1928 年。然而，那一时期的时尚廓形其腰线是有所降低的，与本案例研究中高腰礼服截然不同（图 10.2）。在没有出处记录的情况下，最有力的证据是头饰上的商标，可以用来鉴定礼服所属的时期。

解释说明

玛丽从上到下一身纯洁的白色，她看上去比以往任何时候都好看。但我觉得好像所有的新娘都喜欢穿白色——或许不是，我相信，这样的装扮令她们比平时更加美艳动人，更具有吸引力。两颗心的永恒结合非常不可思议地触动着我们的心，让我们强烈地憧憬着未来或回想起过去。

——玛莎·勒·梅苏里尔（Martha Le Mesurier，写信给她的姨母，并在信中描述着她哥哥彼得的婚礼），1779 年 9 月 15 日（引自 Lenfestey，2003：67）

结婚礼服长久以来一直与白色联系在一起，包括象牙色和奶油色，因为白色代表纯洁和天真。白色或奶油色也是正装舞会礼服和初次亮相上流社交场合的富家年轻女性礼服的首选颜色。尽管缺少这件礼服的捐赠者信息记录，无法确认它是否被作为新娘礼服用于首次穿着，但留存下来的头饰强烈地暗示了它最初就是被作为结婚礼服的。

通过对结婚礼服和头饰的近距离查验提出以下研究问题：

1. 浪凡商标是真的吗？通过识别这个商标能够更准确地确定礼服的日期吗？这件礼服和头饰是否符合浪凡的设计美学？

2. 这件礼服和头饰以何种方式体现了关于结婚礼服的记忆和故事？

这件礼服的改动体现在，上身是用完全不同的面料制成的，但袖子上拼接的还是原来的装饰袖口（如图 10.9 所示，原来的珠绣装饰袖口被重新拼缝于袖子上），这种情况会很难精准确定出礼服被创作的时期。用服饰历史来判断，这件礼服追随了一段时期的时尚轮廓，上衣被修改成短袖和简洁的领口，这是 20 世纪非常少有的款式设计。礼服的帝国（帝政）高腰线（empire waistline）是 1909—1912 年或 1916—1918 年的款式特征。然而，几何图形般的珠绣图案具有一种装饰艺术风格，这类风格常见于 20 世纪 20 年代末。这些线索似乎互相矛盾。

在梭织商标上显示有金色的字母“Lanvin Paris/FAUBOURG ST.HONORE”，但商标的一部分被隐藏在头饰改动缝合线迹内，被隐藏的部分似乎是设计师的名字“Jeanne”和数字“22”。关于商标的意义，理论家皮埃尔·布尔迪厄和伊薇特·德尔索（Yvette Delsaut）的描述是：“商标，在产品上贴上简明扼要的词，毫无疑问，会是艺术家的签名，在当今的词汇中，其个性化签名是最具经济价值和象征意义的。”（引自 Saillard and Zazzo，2012：26）。

按照浪凡时装屋的传统做法，珍妮·浪凡曾使用的第一个商标是“Jeanne Lanvin Paris/22 FAUBOURG ST.HONORE”。[2] 对巴黎时尚博物馆的研究访问期间，在该馆的馆藏中曾发现一件出自 1909 年浪凡的结婚礼服内有相似的商标（1960.17.6）。保罗·伊瑞布（Paul Iribe）为浪凡时装屋设计了一个独特的母女形象风格的新商标，于 1923 年推出，直到 1925 年后才被用于服装商标。然而，根据巴黎时尚博物馆馆长索菲·格罗索德的说法是，直到 1930 年之后，浪凡才将这个商标应用在之后设计出品的服装上。[3] 尽管从头饰上的商标没有看出头饰和礼服的确切年代，但可以表明它们被创作的最晚时期可能是 1929 年。纽约大都会艺术博物馆的服装学院藏有一件类似面料制成的结婚礼服，其胸围上饰有一个珠绣玫瑰花形（1985.365.1），这件礼服出自 1926—1927 秋冬系列。

在研究过程中需要考虑的下一个问题是，这件礼服是否体现出了珍妮·浪凡的设计特点。浪凡于 1889 年作为女帽设计师开始了她的女帽创作生涯，在 1897 年，她的女儿玛格丽特·玛丽·布兰奇出生后，她开始转向童装创意设计工作。浪凡于 1909 年加入法国高级时装公会（Chambre Syndicate de la Haute Couture，或法国高级时装与时尚联合会）后，推出了她的第一个高级定制系列，并很快以优雅、美丽和女性化的风格造型创意而闻名（图 10.19）。浪凡在 1911 年的夏季展示了她的第一件结婚礼服设计，该套礼服的款式设计遵循了当时的风格趋势。1921 年的 *Gazette du Bon Ton* 杂志上刊登的皮埃尔·布里索绘制的插图中展示了一件浪凡设计的拖尾式结婚礼服，但这件礼服是长袖款，新娘头上戴着不同类型的头饰（图 10.1）。尽管如此，插图中所描绘的优雅线条和珠绣细节与本案例研究中的礼服具有共同的特征。

丰富的珠绣装饰是浪凡礼服的另一个显著特征。浪凡担心她的刺

图 10.19

“Jolibois”（礼服的名称），珍妮 · 浪凡设计的晚装礼服，1922—1923 秋冬系列。蓝色塔夫绸，多色雪尼尔丝线绣。大都会艺术博物馆布鲁克林博物馆服饰收藏，由路易斯 · 格罗斯于 1986 年赠给布鲁克林博物馆，后由该博物馆于 2009 年赠出（2009.300.2635）

图片版权归大都会博物馆所有

图片来源：Art Resource，纽约

绣图案会被复制，所以更热衷于保持高标准的绣制工艺，她在工坊内建立了两个刺绣工作室，并保存了所有珠绣设计细节的记录档案（Merceron，Elbazand Koda，2007: 220），这些是学者们很难获取到的资料。本案例研究中礼服上精细抽象的花朵珠绣图案，应用了白色珍珠和银色管状珠，在材料的选择和设计上都具备了新娘礼服的象征意义和品质。[4]例如，图10.11中有序排开的月桂叶图案代表了对不朽的渴望，因为月桂是一种在冬季会始终保持绿色的植物（Merceronet al.，2007: 107）。

本案例研究中的头饰的形状看起来像俄罗斯的科科什尼克（kokoshnik，俄罗斯女性的传统头饰），这是一种非常流行的、具有装饰艺术风格的冠状发带式头饰，特别是搭配当时最时髦的波波头。然而，这种造型也表明早期的巴黎时尚受到了俄罗斯服饰与装饰风格的影响，这种影响始于1909年俄罗斯芭蕾舞团的到来，并随着俄罗斯贵族在第一次世界大战后逃离祖国新共产主义政权的移民潮而持续着。他们中的许多人开始从事时尚行业的工作，为法国的时尚带去充满活力与异国情调的色彩、神韵和装饰特色。在巴黎时尚博物馆的馆藏中，有一件出自1913年，款式非常相似的饰有珍珠的奶油色丝缎制头饰，但上面没有制作者的商标（1983.77.4）。

在这件礼服被收录进入大学研究收藏之前，还没有关于它的任何历史信息记录，所以关于它的最初穿着者以及之后对它的改动仍然是一个诱人的未解之谜。尽管博物馆的馆藏服饰中鲜少或根本没有服装捐赠者信息的情况很常见，但结婚礼服这类服装通常会比其他多数藏品更有可能保留其个人的历史记录。这说明了穿着者对结婚礼服怀有深切情感，以及礼服的重要性，穿着者可能会保存并很珍惜它们，保留着穿着时的照片以及婚礼当天的信息。正如埃米·德·拉·海耶和其他学者在研究中探讨关于女性为什么会保留不再穿着的衣服所得出的结论，用于特殊场合的衣服往往带有个人的感情经历，这使得它们对于穿着者的重要性远远超过了其物质价值（de la Haye，2005；Banim and Guy，2001）。结婚礼服成为记忆的载体。尽管我们对穿着这件礼服的女人一无所知，但它得以幸存下来表明这是一件备受喜爱和珍贵的礼服。这件礼服上半部分的变化是被替换了新上身，以及头饰上（添加了头纱）的变化，意味着它们是被第二次使用作为结婚礼服穿着。礼服上出现破损，珠饰从原本的丝缎上脱落，表明原来的上半部可能损坏得很严重而无法修复。制作结婚礼服通常会选用脆弱纤巧的面料，并装饰有重工珠绣，随着厚重的装饰元素对基底面料的拉动和破坏，会加速这类礼服的破损。礼服被修改过的上身廓形和样式风格与留存下来的 20 世纪初的经典样例大不相同，它们有手腕长度的袖子。很明显，另一个人试图通过大幅度的上身改动以更新礼服的款式，但却保留了原有的珠绣装饰袖口（图 10.9）。替换上身所使用的合成纤维面料在视觉和质地上都远不如原来的丝缎品质，像是一种常用于做里衬的面料。即便是备受喜爱的服装也有可能会被改动而用于新的用途，可能会是最初的穿着者想象不到的改动。纵观历史，款式时髦的礼服常会被重新用于作为舞会的华丽盛装，奢华的面料及装饰会被重新利用以发挥新的作用，在保留服装原始样貌元素的基础上创造出不同的廓形或外观（Baumgarten，2002:200,204）。礼服上半身的外形几乎与裙子的线条没有多大关联，意味着这是一件被重复使用的礼服；新的穿着者在原有款式的基础之上再造了一件具有更短暂作用的礼服。头饰上的浪凡商标被缝合遮挡（图 10.18），而礼服上的则被移除，表明了对它们进行修改的人没有意识到浪凡出处的重要意义。

在这项研究分析中所收集到的证据表明，这件礼服是一件出自浪凡的真品，创作于 1911 年之后至 1929 年之前的这段时期，后来的穿着者对其进行了较大的改动。当时正处在 1909 年至 1939 年装饰艺术蓬勃发展的时代，这件礼服更像是一种折中式的设计，其特点是“异国情调和现代感的独特结合”（Lussier，2003:6）。在作品中融合新旧风格的影响是浪凡的创意特色，她在设计中经常会从过去汲取灵感，其中最著名的是她的 robes de style 时尚连衣裙廓形（图 10.19，20 世纪 20 年代流行的一种连衣裙廓形，代表设计师是珍妮・浪凡），她巧妙地利用了历史服饰的优雅细节融入在自己的设计中，创造出更清新且现代的时装。这件特定历史时期的结婚礼服和头饰可能无法在时间的摧残中幸存下来，但会因为对个人过往的怀念而被留存下来：一件充满情感意义的服装，和它们被穿着使用的历史，以及因另一种用途而被进行的风格再造。

注释

1. 结婚礼服和头饰出自瑞尔森大学的时尚研究收藏（2013.99.004A+B）。

2. 来自浪凡时装屋的电子邮件，日期为 2014 年 3 月 19 日。学生们应注意的是与时装公司的通信对基于物品（对象）的研究来说是不常用的特殊手段。

3. 巴黎时尚博物馆的档案，馆长索菲・格罗索德的个人采访资料，2014 年 3 月 26 日。

4. 有关法国高级定制时装的花卉图案和珠饰装饰的详细分析，请参阅巴黎时尚博物馆 Mariage 展览目录，展览日期:1999 年 4 月 16 日至 8 月 29 日，Assouline 版，巴黎，策展人：Anne Zazou。

参考文献

Banim, M. and Guy, A. (2001), “Dis/continued Selves: Why do Women Keep Clothes they no Longer Wear?”in *A. Guy, E. Green and M. Banim (eds.), Through the Wardrobe: Women’s Relationships with their Clothes*, New York: Berg: 203–219.

Baumgarten, L. (2002), *What Clothes Reveal: The Language of Clothing in Colonial and Federal America*, New Haven: Yale University Press.

De la Haye, A. (2005), “Objects of Passion,”in A. de la Haye, L. Taylor and E. Thompson (eds.), *A Family of Fashion, The Messels: Six Generations of Dress*, London: Philip Wilson: 128–151.

Ehrman, E. (2011), *The Wedding Dress, 300 Years of Bridal Fashions*, London: V&A Publications.

House of Lanvin: *125 Years of Creation Timeline 1889–2014.*

Lenfestey, G. (2003), "An Alderney Wedding 1779," *Costume*, 37: 66–70.

Lussier, S. (2003), *Art Deco Fashion*, London: V&A Publications.

Merceron, D., Elbaz, E. and Koda, H.(2007), *Lanvin*, New York: Rizzoli.

Saillard, O. and Zazzo, A., (eds.), (2012),*Paris Haute Couture*, Paris: Flammarion.

Zazou, A. (1999), "*La Robe sans qualités*," in *Mariage*, Exhibition Catalogue. Musée Galliera, Musée de la Mode de la Ville de Paris,16 avril au 29 août 1999. Paris: Musée Publishers, Editions Assouline: 74–90.

Louise Dahl-Wolfe

11 第十一章 案例研究：克里斯汀·迪奥宝石红色天鹅绒夹克

Case Study of a Ruby Red Velvet Jacket by Christian Dior

图 11.1（对页）

“This Season in Town”，转载于 *Harper's Bazaar* 杂志
9 月刊，1949 年，p163
摄影：路易斯 · 达尔 - 沃尔夫，©1989 创意摄影中心，
亚利桑那州董事会
图片来源：纽约时装技术学院

在许多服饰收藏中都包含有高级定制时装的案例，这些时装因其美学意义、创新的结构或装饰、堪称典范的设计和 / 或经济价值而受到重视。这些时装通常会受到穿着者的高度重视，因为它们不仅需要大量的财务投入，还能够展现出穿着者的声望。在本案例研究中，我们细致研究了一件带有克里斯汀・迪奥商标的宝石红色天鹅绒女式夹克，查找其中包含的线索，该夹克是属于大学时尚研究收藏中的一件藏品，但在它被纳入收藏时没有具体的日期或出处记录。[1]

克里斯汀・迪奥（1905—1957）是 20 世纪最具影响力的时装设计师之一，他的职业生涯因早逝而中断。他的作品以新风貌造型而著称，其特点是塑造极致女性化的造型，借鉴了历史服饰中女性特有的束身廓形，营造出一种精致优雅的奢华感。在世界各地的服饰收藏中都可以找到迪奥原创服装和高级定制复制品（迪奥大力推广的一种时尚传播体系，

图 11.2

迪奥夹克正面
摄影：英格丽 · 米达

图 11.3

迪奥夹克背面
摄影：英格丽 · 米达

由当地零售市场的定制裁缝或百货公司的定制沙龙获得授权的复制）的案例。

本案例研究所查验的这件宝石红色天鹅绒夹克（图 11.2），其圆肩和收腰的设计是迪奥高级定制时装的经典款式风格。夹克的前身剪裁复杂，设计有独特的口袋结构以塑造出非比寻常的款式结构及装饰特色。这件夹克上有两个商标：一个是出自迪奥时装屋，另一个是出自底特律的一家进口商。从夹克的外形及两个商标风格的设计来分析，该夹克最初被制成的年代约在 1950 年。尽管夹克上的磨损迹象很明显，特别是在衣领周围，但面料的完整度和接缝结构保持良好，因此可以安全地对其进行更详细的检查。通过对这件夹克的仔细研究可以获得许多详细的资料以阐明那一时期的美学标准，分析出当时设计师品牌时装的生产及传播；还可以通过夹克研究所获得的详细资料构建起一个分析奢华时装的文化框架。这类时装深受其所有者的珍视，正如学者们在其著作中，例如亚历山德拉·帕尔默在《高级时装与商业》（*Couture and Commerce*, 2001）中，及克莱尔·威尔考克斯（Claire Wilcox）在《高级时装的黄金时代》（*The Golden Age of Couture*, 2007）中所阐述的那样。

细致观察

夹克结构

紧身的天鹅绒夹克设计有圆形的肩部线条、收窄的腰身、腰部褶饰（peplum）和七分袖（图 11.2）。夹克的前开襟延伸至锁骨的缺口，上面是一个小立领。夹克的前片是单独的一块面料裁片，将胸上围的面料进行叠褶处理形成夹克的口袋，腰部叠褶处理成收腰省道，并创造出一种下摆外展的腰裙效果，夹克前片上也没有腰围接缝。夹克后身的上半部饰有叠褶，制造出一种细微的束腰效果（图 11.3），下面是用单独的一块面料制成的后腰装饰褶，并在褶饰两侧设计有深开衩（图 11.4）。袖子与上衣连在一起是一片式裁剪，袖口有一个较宽的翻边（4¼ 英寸或 10.8 厘米）并聚拢固定缝合在外侧边缘（图 11.5）。腋下接缝拼有额外的三角形插片（图 11.6）。前身胸部上方的装饰细节有嵌入式口袋和不对称式呈斜角状的外翻兜盖（图 11.7）。虽然这些口袋可以发挥作用，但它们在夹克前身较高的位置，以及它们属于夹克装饰结构的一部分，表明它们从未被实际使用。

夹克的内部是用宝石红色的丝缎制成的全衬里（fully lined，又称全里，指服装内部的前后身都缝有衬里）。尽管大多数接缝都被隐藏在丝缎衬里的下面，但从缝合的边缘可以看出，天鹅绒两边都有被修剪

图 11.4

腰部褶饰
摄影：英格丽 · 米达

图 11.5

袖口翻边
摄影：英格丽 · 米达

图 11.6

腋下三角形插片（gusset）
摄影：英格丽 · 米达

图 11.7

尖形兜盖
摄影：英格丽 · 米达

图 11.8

里衬及嵌缝于里衬上的腰带
摄影：英格丽 · 米达

过，因此两边已经没有多余的缝份（或做缝）。在衬里的腰部嵌有一条同款红色丝缎制成的细腰带（图 11.8）。迪奥以设计高难度立体结构的时装而闻名，但在这件夹克的内衬与外层面料之间似乎没有使用任何额

图 11.9

缝在腰部的钩扣
摄影：英格丽 · 米达

外的支撑或加固织物。这可能是为了确保天鹅绒夹克柔软流动的外观特质。腰带上缝有两对漆成黑色的金属钩扣和扣环用以开合固定。夹克的开合固定仅在前开襟的腰线位置，一侧缝有一个漆成黑色的钩扣，另一侧分开缝有两个扣环，以便前开襟可以扣合在两个不同尺寸的位置上。在钩扣和扣环上都应用了手缝装饰针法，用红线将它们缝合固定（图 11.9）

在这件夹克中没有发现尺码标，因此需要针对夹克的测量以得到关于穿着者尺码的有用信息。夹克的后中长度是 19 ¼ 英寸（48.9 厘米），胸围为 37 ½ 英寸（95.25 厘米），腰围为 29 ½ 英寸（75 厘米）。夹克内部没有塑形鱼骨（支撑骨），穿着者可能需要内搭一件紧身衣。

在这件夹克上既有机器缝合，也有手工缝合的痕迹，其面料被操作处理得非常巧妙，所以接缝都被很精巧地隐藏在其中。还有腰带末端和里衬的收尾处理，以及与天鹅绒的嵌缝处理都显示了精致整洁的手缝线迹（图 11.8）。这种应用机器缝合接缝与手缝收尾处理工艺的结合是设计师品牌时装中的常规操作。透过微小的扣眼装饰缝线将黑色金属钩扣固定在适当的位置，钩环也是应用同样的装饰缝线固定，并精心搭配使用了深红色绣线，进一步证明了其高端的工艺品质。一些接缝处饰有微小褶皱，尤其是在侧缝上，显然这些褶皱的处理是经过深思熟虑的，旨在增强视觉上的收腰效果，突出夹克的贴身廓形。

纺织品类

这件夹克是用宝石红色真丝天鹅绒制成，表面没有任何花纹。衬里选用的是一块色系相配的宝石红色真丝缎。

商标 / 标签

这件夹克上有两个商标。第一个是在左前开襟内侧靠下的位置，沿着里衬边缘嵌缝上的，上面写着“Christian Dior New York Original TRADEMARK”（图 11.10）。第二个商标被固定在后颈部里衬上，上面写着“IMPORTER Irving DETROIT”（图 11.11）。

服装的使用及穿着

夹克衣领周围的天鹅绒已经出现了严重的磨损，目前还没有任何针对此处毛边磨损的修补（图 11.12）。许多接缝已显示出外力拉扯的迹象：手臂下方、袖窿周围和右前片腰部的接缝都有明显的因拉力造成的破损。应用装饰缝线固定在夹克开襟处的两个扣环，其中离得较远的钩环明显磨损得更严重一些。夹克的腋下没有被侵染过的迹象，面料表面也没有污渍或污垢。

图 11.10

克里斯汀 · 迪奥 - 纽约商标
摄影：英格丽 · 米达

图 11.11

Irving Detroit 商标
摄影：英格丽 · 米达

图 11.12

领部毛边破损
摄影：英格丽 · 米达

审慎思考

这件宝石红色夹克看起来很奢华。天鹅绒的丝滑光泽会诱发好的触感，面料的深色意味着永不过时的奢华。真丝天鹅绒长期以来一直是财富和名贵的象征（图 11.13）。在编织生产天鹅绒时会添加一根额外的经纱，然后再经过切割以形成表面的绒，这就需要使用大量的纱线，从而增加了生产成本。同理，制作夹克所用的深红色，在当时只能使用昂贵的染料进行染色处理，增加了这件夹克与传统意义上奢侈并昂贵的服装的关联。事实上，这件夹克上没有任何图案或多余的装饰元素，反而增加了它的优雅感，面料整洁的表面突出了夹克的外形特点，增强了真丝天鹅绒特有的光泽。玲珑有致的廓形预示着完美的女性身形。尽管夹克上已经出现破损和磨坏的迹象，但仍可以感受到它被穿着时的奢华。

迪奥因其在 20 世纪时尚进程中的标志性地位而获得普遍认同并成为无数书籍的主题，他的作品被各博物馆大量收藏。研究迪奥藏品可

图 11.13

天鹅绒细节
摄影：英格丽 · 米达

以轻松找到大量的，曾被全世界各家时尚媒体报道过的相关证据资料，还有许多迪奥时装屋自己推出过的宣传推广资料，以及获得销售迪奥设计款式复制许可的各大百货公司的广告。这件夹克曾出现在 1949 年 *Harper's Bazaar* 杂志 9 月刊发表的套装造型片中（图 11.1）。这件夹克所属的研究收藏中还有其他几件出自迪奥的服装可供参考比对；然而，因为是匿名捐赠，所以没有关于该夹克原主人的具体信息记录。

解释说明

这件夹克的面料奢华，其造型优雅且结构细节精致，与设计师出品的服装工艺难度相符。通过对该夹克的研究可以思考：

1. 影响设计的历史参照和时尚的循环周期。
2. 女性气质和完美女性的概念。
3. 营销广告中的高级定制时装与现实生活中的穿着的比较。
4. 高级定制时装的商标及许可的性质。
5. 布尔迪厄的习惯论。

较宽的袖口翻边（图 11.5）让人回想起 18 世纪的服饰；这处参照证明了迪奥对历史服饰细节的喜爱，也表明了他在女装设计中的浪漫观点，唤起了一个优雅且极具女性气质的着装时代。结合了真丝天鹅绒令人印象深刻的红色，再加上夹克前片上用面料裁制成的独特结构所展示出的工艺技巧，很明显，这是一款借鉴了一系列风格及设计特点所打造出的迪奥标志性的设计作品。这件夹克所描绘出的奢华质感，可以与炫耀性消费理论联系起来，比如托斯丹・范伯伦的理论。

不同寻常的口袋细节是这件夹克上的一个显著特征（图 11.7），可以很容易识别出该夹克出自克里斯汀・迪奥的 1949 秋冬系列。露易丝·达尔-沃尔夫（Louis Dahl-Wolfe）曾为1949年的*Harper's Bazaar*杂志9月刊拍摄过一张名为“This Season in Town”的照片。照片中的模特身着这件夹克，下身搭配一条与之相配的长款窄摆裙（图11.1），这张照片证实了针对夹克出处年代的猜测，但同时也引出了一个新的问题，就是同这件夹克搭配在一起出售的裙子又发生了什么。

该杂志将照片中的长裙描述成是一条“bone skirt”，因为它太窄了，穿着者几乎没有多余的活动空间。穿上它行走会很困难，无疑会造成裙缝的破损，类似于夹克接缝及其接缝相交处的损坏程度，这就可以解释为什么长裙没有幸存下来。

同样，通过对这件夹克磨损情况的查验，可以判断出它曾被穿着多次，并且穿着者很珍视它，可能是因为衣领上的磨损过于明显而变得无法隐藏时，因此就不再选择穿上它了（图11.12）。夹克接缝周围因外力拉扯的痕迹表明，穿着者的体重在穿着使用夹克的过程中有所增长，但在夹克上没有发现修改的迹象，所以她的身形和尺码基本上没有发生太大的变化。对比腰部固定扣环的装饰缝线，通过其不同程度的磨损可以判断出在大部分时间里，穿着者都会将夹克的腰身扣合并为腰身留出最大限度的空间。然而，腋下的破损则表明这种设计结构会限制穿着者的行动，使她很难抬高手臂。相比其他藏品，这件夹克上没有留下汗渍，表明它被护理得很好，而且穿着者在穿上它时会内搭上衣或衬裙。这件夹克也证明了战后时期所推崇的完美女性气质的标准。紧缩的腰部和外展的腰部褶饰（图11.14）增强了纤细腰身的视觉效果，且符合当时迪奥推出的大量新风貌造型设计以强调女性的完美沙漏身形。夹克的合身剪裁和紧绷的袖窿所体现出活动会受限的设计特征符合大众对迪奥新风貌造型的评价；这样的设计会令女性的身体活动受到限制被认为是女性在社会中的作用受到约束的象征，以及是“物化女性为上流社会的奢侈品所进行的再造”（Wilson and Taylor，1989:149）。若要证明这件夹克所反映出的文化信念可以通过对同时期的文章进行分析来支持。例如，

图 11.14

腰部褶饰和袖口翻边细节
摄影：英格丽·米达

美国版 *Vogue* 杂志于 1946 年 1 月 15 日发表的文章《时代的倾向》（In Clinations of the Times），芭芭拉·赫吉（Barbara Heggie）在文章中敦促女性应回归家庭。她写道，"停止做决定……停止像艾森豪威尔将军的女子军团（the Women's Army Corps，WAC）那样驾驶汽车，突然变得无法保持你的收支平衡"，"不要忘记一个由来已久对于女性的惯用说辞：一件器具，其良好耐用的潜质被巧妙地伪装在轻狂的烟幕下"（1946:118）。这篇呼吁女性重返家庭的文章是先于迪奥推出新风貌设计系列的前 13 个月发表的，其影响一直持续到 20 世纪 50 年代。理查德·多诺万（Richard Donovan）于 1955 年 6 月 10 日在 *Collier's* 杂志（美国大众杂志）上发表了一篇针对男性读者的文章，题目为《你妻子的朋友叫迪奥》(That Friend of your Wife named Dior)。作者在文章中认可了迪奥在这一时期塑造女性身形的高超技巧。多诺万写道："克里斯汀·迪奥先生，这位身材魁梧、惊艳众人的巴黎高级定制女装设计界的灵魂人物，就是让大多数女性穿着成今天这样的主要原因……当然，迪奥先生最优秀的品质就是他强烈渴望让所有女性看起来都很美丽……并释放出她们的自然天性。"(1955:35)

这件夹克的腰围为 29½ 英寸（75 厘米），这清楚地表明，尽管时尚形象描绘的是苗条优雅的模特穿着高级定制和设计师时装，但在现实生活中穿着这些服装的女性并不总是符合时尚理想中的美丽形象，她们的身形和尺寸更趋于普通。

这件夹克上的商标很有特色。克里斯汀·迪奥的纽约商标（图 11.10）出现在 20 世纪 40 年代末 50 年代初纽约定制沙龙出品的迪奥定制时装的复制款上，所以，这个商标清楚地证实了此款夹克就是出自这一时期。这个商标还表明该夹克是专为美国市场打造的一件高级定制复制款，不是专为客户定制的高级定制时装。夹克上没有专属编号，也没有记录主人的名字。从 Irving Detroit 商标中的"importer"与 Detroit（底特律）一词的联系（图 11.11）可以找出这件夹克的零售线索，显然这件夹克是在美国中西部销售的迪奥定制时装的复制款。

在 20 世纪 50 年代，底特律是一个由汽车工业支撑的繁荣城市，那里的居民足够富有，会光顾销售定制时装复制款的时装店。Irving's 是底特律市中心华盛顿大道上一家专门经营定制时装复制款的时装店，后来在繁华的格罗斯波因特郊区开了第二家店。欧文（Irving）先生经常去纽约和欧洲，采购大量的时装在他的店内复制出售 。[2]

关于迪奥的书籍和文章很多，仅有少部分会出现关于迪奥时装实际穿着体验的粗略描述。一个值得注意的例外是 2001 年出版的亚历山德拉·帕尔默的《高级时装与商业》(*Couture and Commerce*) 一书，她在书中从社会经济和文化角度出发，去理解在多伦多穿着高级定制服装的意义，并指出“高级定制时装与品位的联系由来已久，也是体现女性优雅姿态的重要因素之一”（2001:6）。

皮埃尔・布尔迪厄的习惯理论观点为解释具体的服饰与习惯之间的关联，或受阶级与生活方式影响所做出选择之间的联系，提供了理论依据。布尔迪厄写道，审美偏好“在日常生活的选择中体现得最为明显，如对家具、服装或烹饪食物的选择，都揭示了人们根深蒂固且长期存在的倾向性，这种倾向性是在教育体系范围之外的，人们必须要直面的，毫无遮掩的个人品位”（1998:77）。穿着克里斯汀・迪奥的时装，特别是曾被拍摄刊登在著名女性杂志上的迪奥时装，正如这件天鹅绒夹克，被标榜成穿着它的女性是一位时尚精英。布尔迪厄还认真思考了习惯转化为身体体验的观点：“对熟悉的物品进行社会关系的物化，它们是‘奢华’或‘贫乏’、‘不同凡响’或‘粗俗’、‘美丽’或‘丑陋’，通过身体的体验给自己留下深刻印象。”（1998:77）

这件夹克是一件优雅且精工细作的服装，衣身上磨损的迹象证明了它深受主人的喜爱。通过对其结构、面料及商标细节的仔细观察，收集整理该夹克被使用及穿着的证据，同时提供了一种参考方法，就是从过去获取非文本线索的，可以用于提高服饰研究的跨学科法。

注释

1. 这件女士夹克是瑞尔森大学时尚研究收藏中的一件藏品（2000.02.053），由匿名的捐赠者赠出。

2. 与佩巡斯・诺塔的来往信件，日期：2014 年 7 月 1 日。

参考文献

Bourdieu, P. (1998), *Distinction: A Social Critique of the Judgement of Taste*, trans.Richard Nice. Cambridge, MA: Harvard University Press.

Donovan, R. (1955), "That Friend of your Wife named Dior," *Colliers Magazine*, June 10, 1955: 34–39.

Heggie, B. (1946), "Back on the Pedestal, Ladies," *Vogue*, January 15, 1946: 118.

Palmer, A. (2001), *Couture and Commerce: The Transatlantic Fashion Trade in the 1950s*, Vancouver: UBC Press.

Veblen, T. (2007, first published 1899), *The Theory of the Leisure Class*,M. Banta (ed.), New York: Oxford University Press.

Wilcox. C. (ed.) (2007), *The Golden Age of Couture: Paris and London 1947–1957*, London: V&A Publications.

Wilson, E. and Taylor, L. (1989), *Through the Looking Glass: A History of Dress from 1860 to the Present Day*, London:BBC Books.

12

第十二章 案例研究：Kenzo 和服风格夹克

Case Study of a Kimono-style Jacket by Kenzo

图 12.1（对页）

Kenzo，2004 秋冬系列，秀场图
摄影：乔纳斯·古斯塔夫森（Jonas Gustavsson）

时髦的西方服饰设计长期以来一直表现出对日本服饰外形与设计美学的痴迷，尤其是在1854年日本重新与西方建立联系之后（Martinand Koda，1994:73f）。这种关系的加剧发展是在20世纪70年代，身居巴黎的日本时装设计师高田贤三将新的廓形和神韵引入西方的时尚观念，为川久保玲和三宅一生（Issey Miyake）等其他日本时装设计师从根本上改变20世纪80年代的时装美学铺平了道路。本案例研究中讨论的是一件展现后现代文化混合的服装，是Kenzo品牌发布的2004秋冬系列中的一件女装夹克（图12.1和图12.2）。这件夹克的捐赠者将该夹克连同数百件物品一起捐给了大学研究收藏。[1]

高田贤三（Kenzo Takada，生于1939年）于1970年4月在巴黎推出了他的第一个时装系列，他被认为是最早在设计中采用日本服装元素的日本设计师之一，他的设计也引领了西方的时装潮流。[2] 高田贤三

图 12.2

Kenzo 夹克的前身
摄影：英格丽 · 米达

在描述自己的风格由来时说："不需要省道，我喜欢大胆的直线。夏装用棉，冬装无需衬里。把鲜艳的颜色结合在一起，把花朵、条纹和格子自由地结合在一起。"（引自 Kawamura，2004:115）1971 年，高田贤三设计的一件和服面料制成的，款式简洁的连衣裙登上了 *Elle* 杂志的封

图 12.3

Kenzo 商标“ah04（2004 秋冬）”
摄影：英格丽 · 米达

面，他很快就获得了事业上的成功并声名鹊起，成为巴黎最具创意的设计师之一。1993 年，高田贤三出售了自己的品牌，于 1999 年退休。

这件出自 Kenzo 的夹克设计有宽大且宽松的袖子，以及并不合身的廓形，采用了和服的元素，还选用不同纹理的面料组合拼接成新的图案，打造出层次丰富的外观，带有异国情调，有点略显随意的感觉。在夹克内的后颈部位缝有该品牌的商标，上面标记了夹克出自 2004 秋冬系列（图 12.3）。

夹克混合应用了多款纹理丰富的面料，在设计中融合了日式和西方的服饰元素，创造了一件充满并置（juxtaposition，将不同事物并列放置进行比较或对比以形成强烈的反差）效果的服装。这种设计方式制成的服装颠覆了传统的时尚观念，打破了在一天中的不同时间穿不同衣服的观念。面料的混合与拼接创造出这种解构主义美学，以及文化参考的融合，使这件夹克成为典型的后现代性主义风格的时装。

细致观察

服装结构

这件 Kenzo 的夹克是宽松式剪裁，结构相对简单。前片和后片（后片有一条后中接缝）由棕色和白色相间的花呢类面料制成，下摆边缘裁成平直式，长度至大腿（图 12.4 和图 12.5）。夹克上的宽大袖子用织有花纹的棕色仿真丝制成，有较深的袖窿，宽边袖口是用饰有黑色花纹的

图 12.4

夹克背面
摄影：英格丽 · 米达

图 12.5

夹克侧面
摄影：英格丽 · 米达

图 12.6

夹克里衬
摄影：英格丽 · 米达

酸橙绿色丝绒制成。印花棉绒衣领从肩缝延伸向下拼接在前开襟两侧，结构看起来更像是开襟镶边，其长度至下摆边缘以上的位置（图 12.5）。左右前身臂围的位置上分别饰有两个仅用于装饰用途的兜盖。

夹克的内部是全衬里结构，并在领部衬里后中缝的位置固定有一条用衬里同款面料制成的装饰领带（图 12.6 和图 12.7）。袖子是用绿色仿真丝制成的全衬里，内附有轻薄的棉衬，在袖口一周的衬里内还附有额外的棉卷衬垫（图 12.8）。夹克上除了一条装饰领带之外，没有别的固定扣件。

图 12.7

衣领和领部饰带
摄影：英格丽 · 米达

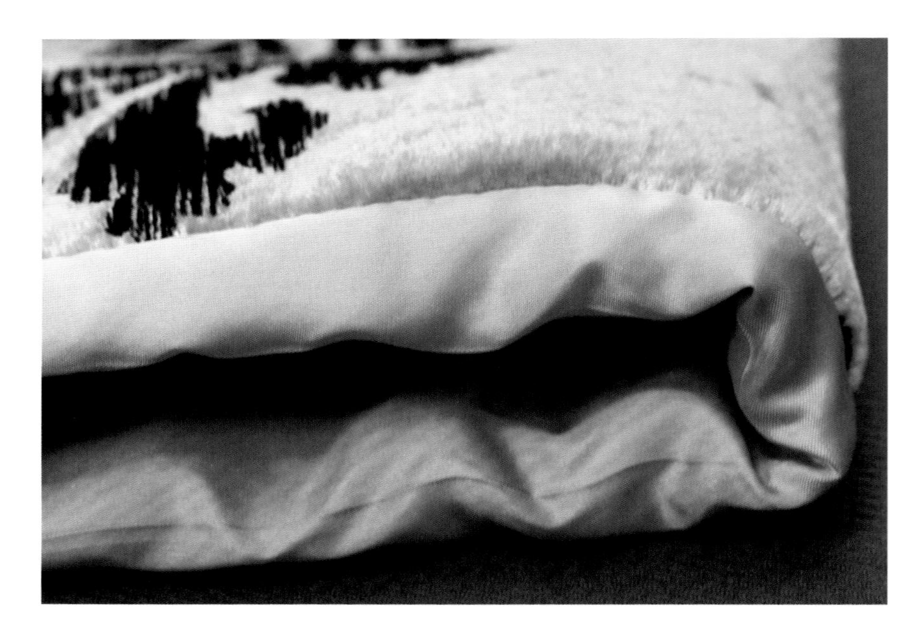

夹克的前后衣身由不同类型的面料拼接而成，呈现出一种拼凑缝合的外观（图 12.9）。衣身上没有破损毛边。做工精细的接缝是用缝纫机的常规小针脚线迹缝合完成的，衣袖上的辑明线（top-stitching，压明线）则作为袖部的装饰缝线（图 12.10）。夹克上没有明显的手工缝合线迹。

衣服的宽松特性意味着不需要对夹克进行传统围度数据的测量。夹克的后中缝为 31 英寸（78.8 厘米），宽大的几乎是方形的袖子，当手腕相扣时长为 48½ 英寸（123.2 厘米）。袖子在手腕处的开口宽度为 22 英寸（55.9 厘米）。

纺织品类

夹克内的水洗标（熨洗须知标签）上标注了用于制作夹克的面料纤维的详细分类（图 12.11）。夹克的主体面料是棕色和白色相间的花呢

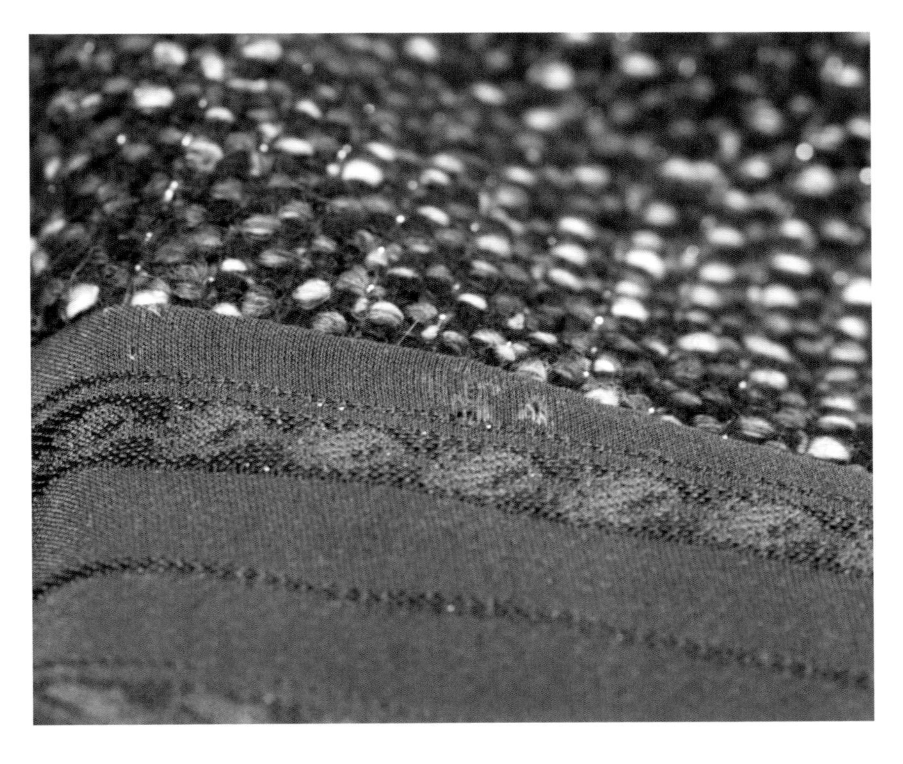

图 12.10

辑明线（机 / 车缝压明线）
摄影：英格丽 · 米达

图 12.8（对页上）

袖口内附有衬垫
摄影：英格丽 · 米达

图 12.9（对页下）

拼缝不同织纹的面料
摄影：英格丽 · 米达

类面料，是由天然纤维与合成纤维混合织成（面料 1： 丙烯酸 49%，羊毛 30%，棉 15%，聚酰胺 6%）。在花呢的编织结构中穿插有一条银色的线以构成其格纹状的图案。袖子是用巧克力棕色仿真丝制成，上面织有细条纹（面料 2： 人造丝 53%，醋酸纤维 42%，铜氨丝 3%，聚酰胺 2%）。两种不同类型的绒类面料被用作装饰镶边，一种是夹克前开襟处的多色棉绒（平绒），上面印有棕色、绿色、黄色和红色植物图案（面料 3：100% 棉）。另一种是袖口处较宽的酸橙绿色丝绒镶边（水洗标上没有提到该面料），上面饰有如同黑色绣线形成的涡卷形图案，看起来像是用机器绣制的，但近距离查看时，会明显看出该图案其实是印制在面料上的（图 12.12）。

夹克的衬里使用了两种不同类型的面料。衣身主体衬里和兜盖内的贴面应用的是棕色真丝面料，上面印有绿色、黄色、橙色和红色的叶子

图 12.11

水洗标上印制有不同语言的面料品类成分信息
摄影：英格丽 · 米达

图 12.12

酸橙绿色丝绒，模仿刺绣线迹的黑色印花图案
摄影：英格丽 · 米达

与花朵的植物图案（衬里 1： 真丝 100%）。袖子的衬里是浅绿色的仿真丝（衬里 2：人造丝 100%）。

商标 / 标签

这件夹克有四个标签。在夹克后中的颈背部缝有一个品牌商标，上面写着“KENZO ah04”（图 12.3）。商标是用白色棉带制成，两端未进行缝合处理，上面印有黑色和粉色的品牌标识字体。商标被垂直固定在夹克内，仅在上端两角大致缝了两针。在夹克的内侧缝有一个水洗标，上面印有五种不同语言的关于每种面料中所含纤维详解（法语、英语、西班牙语、意大利语和日语），以及关于如何护理夹克的说明，“需放在保护袋中干洗 / 熨烫设置 1”（图 12.11）。此外，水洗标上还印有关于该夹克的制造信息：“法国制造 /Modèle Déposé（设计注册）”。还有一个标有“38”的尺码标和另一个印有“CA00985”编号的标签与水洗标一起被缝在同一个位置上。

服装的使用及穿着

这件夹克上几乎没有磨损的痕迹，仅在夹克右侧肩部有一处非常小的破损。

审慎思考

这件夹克出自 Kenzo 2004 秋冬系列，是一位捐赠者捐出的个人衣柜中的数百件设计师作品中的一件，这数百件设计师作品于 2009 年被收入大学的研究收藏。[1] Kenzo 是一家著名的巴黎时装设计公司，该夹克所体现出的日本和服风格有助于作为研究的参考分析。

这件夹克上最具视觉吸引力的设计元素是面料的多样化搭配，创造出具有异国情调及层次丰富的外观，尤其是衬里上的秋季色彩印花在

图 12.13

下摆附有内衬垫的和服，约 20 世纪 30 年代，
由 R. 范德伯（R. Vanderpeer）赠出
Ryerson FRC2013.03.005
摄影：贾兹敏 · 韦尔奇

深棕色调的衬托下显得生机勃勃（图 12.9）。面料的拼接组合像拼贴的图案——这种工艺方法通常与节俭和经济联系在一起，以及受波西米亚美学观点的影响——起初，这样的设计看起来似乎不像是一件设计师作品。但细看之下会发现许多面料的应用会令人在视觉上产生奢华的感觉，尽管这些面料的人造纤维成分可能不具备相同的含义。例如，所谓的天鹅绒，其昂贵的绒毛，传统上是由真丝织成，但这件夹克上的绒是用棉织造的。另外，袖口处的合成纤维织造的丝绒镶边上看起来像刺绣的图案（历史上，在天鹅绒上刺绣是昂贵的装饰工艺之一），实则是在袖口镶边上印出模仿刺绣的图案（图 12.12）。

其结构的简单性也与面料的多样性形成了鲜明对比。多类型面料的拼接应用创造了一种充满不同手感对比的服装，营造出厚织粗花呢的凸凹表面同真丝提花袖子的丝滑缎面，还有光滑绒面之间的相互抵消与互补的效果。不同类型的面料组合还引发出一种并存的联想：丝滑的缎面会联想到女性特有的气质与精致，而粗糙、更男性化的粗花呢则常用于传统的男装和户外装。

解释说明

这件夹克丰富的层次结构，从不同类型的面料组合到日本和西方结构元素的结合，可以引申出一系列相关研究的可能性，包括：

1. 研究后现代时尚体系内的服装文化融合。
2. 解读衣橱中的服装。

本案例研究中的夹克代表了 Kenzo 这家巴黎时装公司在历史上的一个关键时刻，这件夹克出自设计师安东尼奥 · 马拉斯（Antonio Marras，生于 1961 年）为该品牌创意推出的第一个 2004 秋冬系列（图

12.1)。在设计这件夹克时，马拉斯忠实于 Kenzo 将东西方设计元素结合创新的品牌声誉，将这种文化的融合体现得淋漓尽致。夹克的许多元素都参考了日本传统、标志性的服装——和服，借鉴了和服简洁且宽松的结构（图 12.13）。夹克的“T”形遵循了和服的线条，如前开襟处装饰拼接面料就是参考了和服的衣领：uraeri 和 tomaeri（分别是内领和外领）。传统的和服是用 obi 系紧固定，obi 是一种精心系好的装饰腰带，但这件 Kenzo 的夹克上没有这样的腰带，更像是 uchikake（打掛）式的设计，一款新娘们穿着于和服之外不系腰带的外穿长袍（Liddell, 1989:149）。同和服风格相似的袖子，有大而宽的开口，内附有轻柔的填充衬垫。乍一看，袖子的形状似乎与和服袖子相像，但袖窿缝合接入夹克主体的处理方式实际上更接近西方的服装结构（图 12.14 和图 12.15）。夹克的袖窿是弧形接缝，而不是和服袖的直裁接缝，夹克的设计突出了两种设计美学的完美融合；证明马拉斯很好地传承了 Kenzo 的多元文化内核，同时作为该品牌的新任设计师做出了个人风格明确的声明。

正如巴黎时装周期间的秀场图中所展示的那样（图 12.1），这件夹克适合各种风格的穿着方式。它与传统和服结构化的穿着形式不同，无需在正确的位置细致地捆扎腰带，秀场上的搭配造型，其腰部松垮地系着腰带，表明该款夹克可以适合不同穿着者的品位穿搭。夹克的这种适应性反映了后现代主义时尚界的设计观念，没有单一的主流廓形，个人可以自由地选择组合和搭配出自己的个性风格以符合他们各自的审美标准。

多种面料在这件夹克中的结合方式也为研究该品牌的历史提供了又一个有力的参考依据。当高田贤三在 20 世纪 70 年代为自己的品牌设计他的第一个系列时，他只能从跳蚤市场购买面料，所以他把自己找到的面料拼接到一起，创造出新的面料（Kawamura，2004:115）。这种新奇的面料组合方式，通常是将相互冲突的颜色和印花拼接在一起，再

图 12.14

Kenzo 夹克的袖子
摄影：英格丽 · 米达

图 12.15

和服袖，约 20 世纪 30 年代
由 R. 范德伯赠出
Ryerson FRC2013.03.003
摄影：英格丽 · 米达

结合文化的参考，成为该品牌的特色标签。正如这件夹克所呈现出的清晰外观表明马拉斯为该品牌创作的第一个系列延续了这一传统特色。在马拉斯创作的 2004 秋冬系列中，还有许多其他的时装造型也融入了这类纹理、颜色和图案结合的元素。此外，该夹克的花卉植物印花面料标志着该品牌将花卉作为关键性的符号标志，无论是在图案的设计，还是推出品牌香水方面，都以植物花卉为主题。

夹克内的水洗标上印有五种语言的文字信息，清晰地展示了符合 21 世纪时尚全球化的信息标签（图 12.11），并增强了该夹克在文化混杂的衣着框架中的地位。高田贤三最初使用的标志性元素，如花朵、面料的选择、绗缝技术以及直裁线条，都源自日本的传统服饰元素，但很快他又选用了其他民族元素。川村由仁夜（Yuniya Kawamura）在她的《日本设计师在巴黎的时尚革命》（*The Japanese Revolution in Paris Fashion*）一书中认为，高田贤三是“第一位将日本文化引入国际时尚界的日本设计师”（2004:121），之后瓦莱丽·斯蒂尔在她的《日本时尚》（*Japan Fashion Now*）一书中指出，高田贤三为 20 世纪 80 年代的川久保玲和三宅一生等设计师铺平了道路。虽然高田贤三借鉴了许多日本文化，但这些不是他的创作核心（2010:16）。尽管这件夹克融合的是西方和日本的服饰元素，但 Kenzo 出品的服装还融合了包括墨西哥和印度在内其他非西方的文化元素，创造了体现文化混合美学观点的时装。

这件夹克也是一件典型的具有后现代感性审美的现代时装。社会学家让·鲍德里亚在他的题目为《时尚，或代码的迷人奇观》（Fashion, or The Enchanting Spectacle of the Code）的论文中指出，在潮流趋势中有一个死亡预设，通过这个预设，过去的元素被回收和再生，创造了一次瞬息显现的循环和一种观念的转变。时装造型中会借鉴“过去”的元素，并在“庞大的自由组合”实践中混入文化参考及风格，以创造出一种高雅的文化气质和完美形象（1993:89）。

尽管鲍德里亚在他的论文中没有使用“后现代”一词，但他的论点

图 12.16

Issey Miyak 大衣，约 20 世纪 90 年代
由凯瑟琳 · 库巴斯赠出
Ryerson FRC2009.01.680
摄影：贾兹敏 · 韦尔奇

与对时尚体系的后现代分析是一致的，因为后现代主义意味着对文化神话学、权力结构和美学的一次彻底挑战，其中模糊性、多元性和主观性取代了确定性和单一性。鲍德里亚关于着装规范不再存在的论述反映了后现代主义的意识形态，因为着装规范的元叙事已经被拒绝接纳。此外，他认为时装“总是在怀旧”，通过对过去风格的循环利用来创造一种变化的错觉，与模仿后现代美学作品相一致。通过将时装潮流定义为现代性的象征，他指出了传统着装规范的断裂，并强调后现代世界中时装的时效性。这件 Kenzo 夹克，面料的兼收并蓄，设计风格及文化参考（如和服廓形与西方上袖工艺）的巧妙融合，展现了时装潮流中的后现代主义观念。不同面料的有趣组合——粗花呢是常规款男性日装面料，外观华丽的丝绒和仿真丝暗喻着女性的晚装——挑战了日装与晚装的传统区分观念。正如鲍德里亚所论述的那样，该夹克的面料是一款模仿了纹理及颜色的合成品，是一种美学观念的重新组合，并抵消了男性和女性的界定，其自由的设计组合、文化参考和风格的混合，赋予该夹克后现代主义的象征性。

对这件夹克的另一种解释是将其视为女性衣橱中的一个元素。阿里·盖伊（Ali Guy）、艾琳·格林（Eileen Green）和穆勒·班尼姆（Maura Banim）在《透过衣橱，探讨女性与服装的关系》（*Through the Wardrobe, Women's Relationship with their Clothes*）一书中讨论了女性如何通过购买、消费和保存衣服来构建自己的身份。她们在书中写道：“每天，当女性装扮自己时，她们都会从自己独有的服装中做出特定的选择，穿搭出个人风格的造型，并通过着装展现出她们的女性形象和构建自己的身份。”（2001:14）

这件 Kenzo 夹克是由凯瑟琳·库巴斯（Kathleen Kubas）的家人捐赠给瑞尔森大学时尚研究收藏的数百件服装中的一件，她于 2008 年去世，享年 79 岁。她的庞大衣橱中有许多古驰（Gucci）、三宅一生、杜嘉班纳（Dolce and Gabbana）、让 - 保罗·高缇耶、Moschino 和路易斯·费罗（Louis Feraud）等设计师品牌服装，还有菲利普·崔西（Philip Treacy）、埃里克·贾维茨（Eric Javits）和斯蒂芬·琼斯（Stephen Jones）设计的帽子。衣橱中的这些服饰多是大胆的配色，尤其是紫粉色几乎占据了她的衣橱，大部分衣服都是为了强调她高挑苗条的身材。其中一件夹克内的商标编号 CA00985 证实了她的许多衣服都是从多伦多著名的高端时装店 Holt Renfrew 购得。[3] 尽管在她的衣橱中还有几件日本设计师三宅一生的服装（图 12.16），但这件夹克是她唯一的一件 Kenzo 服装。

与这件夹克同时捐出的还有卡尔·拉格菲（Karl Lagerfeld）、让 - 保罗·高缇耶和三宅一生的外套大衣，说明了她对毯状大衣的喜爱，其中许多外套都只有一条腰带以固定开合。这件夹克出自 Kenzo 的 2004 秋冬系列，可能是在她的健康状况严重下降时候购得，因此可能代表了她尽管行动不便，但仍想保持时尚装扮的愿望。这件夹克上有轻微的磨损，是右侧肩部一处很小的痕迹，可能是由于单肩包在那个地方造成的摩擦所致。尽管这件夹克在秀场上的造型是配有腰带，但没有记录表明该夹克在被赠出时附有腰带，且腰部也没有出现磨损的痕迹。在这个长期以守旧、时尚且感性而著称的城市，作为一件色彩丰富且时髦的个性单品，这件 Kenzo 夹克反映了捐赠者标新立异的时尚品位。（Palmer, 2001:282-292）

这件 Kenzo 夹克是一件充满并置效果的服装，从面料的选择到日本与西方服饰结构的结合，与高田贤三的“颠覆性的东方时尚”（inverting the Orient）设计理念相一致。该件夹克是仿制（指仿制天鹅绒织造的丝绒与棉绒，还有仿真丝）面料、纹理及风格的集大成之作，也是全球化的后现代主义经典之作。

注释

1. 这件夹克出自瑞尔森大学时尚研究收藏（2009.01.686），由凯瑟琳·库巴斯的家人赠出。

2. 日本设计师森英慧（Hanae Morae，生于1926年）于1965年在纽约首次展示了她的“东方与西方相遇”系列，但直到1977年才在巴黎发布个人的时装系列。

3. CA 编号是由加拿大竞争署（Canadian Competition Bureau）应需求发布给“加拿大纺织纤维产品的制造商、加工商或处理商，或从事进口或销售纺织纤维产品业务的加拿大经销商”。

参考文献

Baudrillard, J. (1993), “Fashion, or The Enchanting Spectacle of the Code,” in M.Gane (ed.) *Symbolic Exchange and Death*,London: Sage: 87-100.

Canadian Competition Bureau (2014).

Guy, A., Green, E. and Banim, M. (eds.)(2001), *Through the Wardrobe: Women's Relationship with Their Clothes*, New York:Berg.

Kawamura, Y. (2004), *The Japanese Revolution in Paris Fashion*, Oxford: Berg.

Liddell, J. (1989), *The Story of the Kimono*,Toronto: Fitzhenry and Whiteside.

Martin, K. and Koda, H. (1994), *Orientalism: Visions of the East in Western Dress*, New York: Metropolitan Museum of Art.

Palmer, A. (2001), *Couture and Commerce: The Transatlantic Fashion Trade in the 1950s*, Vancouver: UBC Press.

Steele, V. (2010), *Japan Fashion Now*, New Haven: Yale University Press.

附　录

附录一　细致查验清单

一般描述

1. **a.** 这是件什么类型的服装？	**b.** 这件服装适用于：男性、女性、中性？
2. **a.** 制作这件服装所用的主要面料是什么？	**b.** 这些面料成分是天然纤维（真丝、羊毛、棉、麻）、合成纤维还是混纺织物？
3. 服装的主要颜色和（或）图案是什么？	4. 服装上有任何标识吗？
5. 服装或配饰出自哪个年代或哪段时期？	6. 服装能否被安全处理以避免造成进一步的损坏？
7. 这件服装最不寻常或最独特的方面是什么？	8. 在藏品系列中是否有其他相似款式的服装，可能是出自同一个设计师又或是出自同一个时期？

服装结构

9. 描述服装的主要结构组成，如紧身胸衣、衣领、袖子、裙子。

如果以下尺寸数据与你的研究相关，请注意使用英制或公制尺寸，如：

a. 胸围　**c.** 臀围　**e.** 袖长

b. 腰围　**d.** 腰至臀围长度　**f.** 其他

10. 服装的结构是否突出了身体的某个部位？

11. 这件服装是用机器，还是手工或结合了两种技术缝制的？

12. 这件服装是如何开合固定的？

13. 服装的前身和侧身上是否有口袋？是否有兜盖或隐藏式口袋？

14. 服装的显著构造特点是什么，比如是否应用了斜裁技术，是否使用了非传统材料或其他类型的结构元素制成？

15. 在服装的接缝处是否有清晰可见的布边，还是布边已被剪裁或缝合融入服装的结构中？

16. 服装的构造形式与其所属的年代相符吗？

17. 这件服装是否有加固处理？是否附有衬垫、鱼骨、金属环箍、加固钢骨？

18. 服装是否缝有里布（内衬）？

纺织品类

19. 主要使用的是什么纺织品或材料？是天然纤维还是人造纤维？

20. 制作服装所用的面料是否被精加工处理过，如漂白、压烫或上光？
21. 服装和内衬有使用其他纺织品吗？
22. 服装上有条纹或图案吗？它是面料上的织纹，还是印染或使用不同工艺方法形成的，如模板印刷、手绘或面料再造？
23. 服装上是否还有其他装饰，如贴花、镶边、蕾丝、钉珠、刺绣、纽扣、荷叶边、褶饰带或蝴蝶结？是否留有相关痕迹表明此类装饰已经被移除？
24. 服装的面料是否经过加固处理，如填充衬垫、装饰绗缝线迹，以及缝有内衬、金属线或鱼骨？
25. 纺织品是否会因为时间的推移而褪色或变色？

商标 / 标签

26. 服装上有制造者标签吗？如果有的话，这个标签与设计师的作品相符吗？它是否提供了创作年代的相关线索，如款式编号和季节？
27. 是否有商店标签可以确认服装的购买地点？从这个标签上是否可以了解到服装的历史？
28. 服装上有水洗标和其他信息标签吗？
29. 服装上有尺码标吗？
30. 服装上是否有与具体所有者信息相关的标识，如首字母刺绣、名牌或洗衣店标牌？

使用、修改和损耗

31. 这件服装的结构有被改动过吗？
32. 服装的哪些位置有磨损？
33. 服装是以何种方式被弄脏或损坏的？ 接缝处是否出现撕裂、真丝是否断裂或面料是否腐烂？是否有受到虫蛀的痕迹？
34. 这件服装在原色基础上有染过色吗？ 装饰镶边或其他形式的装饰有被拆开或去除的痕迹吗？
35. 这件服装的风格是否主导当时的时尚潮流，或者它是各类型风格的结合产物，又或者是私人定制款？

辅助材料

36. 服装在被纳入收藏时是否有相关的出处记录？
37. 有这件服装的照片吗？
38. 是否有更多的相关信息或文档资料可以表明这件服装的原始价格？
39. 是否有关于这件服装的制造商信息、商店的标签（吊牌）或最原始的包装？
40. 这个藏品系列中是否有同一位设计师或同时期其他设计师的相似款的服装？

附录二　审慎思考清单

感知思考

视觉 1. 这件服装是否体现出受到风格、宗教、艺术或符号标志性的影响？	2. 这件服装的风格与它所处的时代相符吗？在它身上有受到那个时期影响的痕迹吗，还是完全背道而驰？

触觉

3. 这件服装是用什么质地的面料制成的？其重量是多少？在服装的构造中还应用了其他材料吗？

听觉

4. 当一个人穿上这件服装时会发出声音吗？

嗅觉

5. 这件服装有味道吗？

个性化的思考

6. 查验这件服装的动机是什么？
你对穿着它的人，它的制作者，还是其他与之相关的传记故事感兴趣吗？

7. 你的性别与身材尺码是否与穿着或拥有这件服装的人相同？
穿着它的人比你胖，还是比你瘦？这件衣服适合你的身材吗？

8. 这件服装穿在你的身上会是什么感觉？可能会紧，还是宽松？这件服装会导致身体不适或疼痛吗？

9. 如果可以的话，你会选择穿上这件服装吗？你会被其风格和颜色所吸引吗？

10. 服装或配饰的设计是否体现出其结构的复杂性或工艺元素的娴熟运用？该服饰文物是否具有功能性的设计？

11. 创造者是否想借助服装传达情感、身份、性征或性别角色？ 这件服装是在表达幽默、喜悦、悲伤，还是恐惧？
12. 你对这件服装会产生情绪上的波动吗？你能找出在你的研究中存在的个人偏见吗？

相关资料信息

13. 如果你被允许获取文物的出处记录，会揭示出穿着者的哪些信息，以及他们与服装有哪些关联？
14. 在博物馆、研究收藏或私人藏品中是否存在款式相似或出自同一位设计师或制造商的其他服装？
15. 在其他博物馆也收藏有类似的服装吗？你能在网站上的服饰收藏资料中查找到类似款吗？
16. 在其他学者的著作中、介绍设计师作品的书中或业内评审类的刊物文章中是否有关于这件服装的内容？
17. 在 Etsy、eBay、古着零售电商或拍卖网站上是否有销售类似款式的服装或相关的介绍信息（广告、时装款式图片、包装和其他印刷材料）？
18. 在书籍、杂志、博物馆藏品记录或线上网站中是否有这件服装或类似款的相关照片、绘画或插画？
19. 这件服装及其他相似款式是否在信件、收据、杂志、小说和其他形式的文字材料中有被提及？
20. 如果服装的制作者是一位知名设计师，则需要获得关于他们的哪些信息？这件服装是以何种形式出现在他的作品系列中的？曾在设计师的作品展上展出过吗？设计师是否出版过自传，是否在杂志或报纸上发表过该设计师的相关人物简介？

图书在版编目(CIP)数据

服饰侦探：如何研究一件衣服 / (加) 英格丽·米达 (Ingrid Mida), (英) 亚历山德拉·金 (Alexandra Kim) 著；刘芳译. -- 重庆：重庆大学出版社, 2024. 11. -- (万花筒). -- ISBN 978-7-5689-4853-1

I. TS941-091

中国国家版本馆CIP数据核字第2024SL3519号

服饰侦探：如何研究一件衣服

FUSHI ZHENTAN：RUHE YANJIU YIJIAN YIFU

[加拿大] 英格丽·米达（Ingrid Mida）[英] 亚历山德拉·金（Alexandra Kim）—— 著

刘芳 —— 译

策划编辑：张 维
责任编辑：李桂英
责任校对：刘志刚
书籍设计：崔晓晋
责任印制：张 策

重庆大学出版社出版发行
出版人：陈晓阳
社址：(401331) 重庆市沙坪坝区大学城西路 21 号
网址：http：//www.cqup.com.cn
印刷：天津裕同印刷有限公司

开本：720mm×1020mm 1/16 印张：16.25 字数：227 千字
2024 年 11 月第 1 版 2024 年 11 月第 1 次印刷
ISBN 978-7-5689-4853-1 定价：99.00 元

版贸核渝字（2024）第011号